总策划／邢涛　主编／龚勋

百科全书 恐龙

汕頭大學出版社

恐/龙/百/科/全/书

ENCYCLOPEDIA OF DINOSAURS

FOREWORD
前言

在距离我们十分遥远的中生代时期，地球上曾居住着一群奇特的动物——恐龙，它们是陆地上的霸主，称霸地球一亿六千万年。在这个时期，地球上出现了最早的有花植物和最早的鸟类，哺乳动物也开始出现，并悄悄生存繁衍下来，当然最让我们激动和好奇的就是当时世界的统治者——恐龙。它们种类繁多，体形和习性也相差甚远，既有性情温和的草食性恐龙，也有生性凶残的肉食者；既有如数十头大象加起来那么大的大型恐龙，也有和一只母鸡差不多大小的小型恐龙……为了能使广大青少年朋友了解、掌握这一遥远而又丰富多彩的恐龙世界，我们特别编撰了这本《恐龙百科全书》。

全书共分为四章：第一章"恐龙时代"从中生代各个时期恐龙的生活环境、白垩纪末期的恐龙大灭绝、恐龙化石以及各地的恐龙公墓几个方面概括讲述了恐龙的生活状况，使读者对恐龙有总体的了解；第二章"蜥臀目恐龙"和第三章"鸟臀目恐龙"向读者具体介绍了各种恐龙，以及它们各自的生活形态，包括我们所熟悉的梁龙、雷龙、暴龙等，也有我们平时不太了解的板龙、鲨齿龙、慈母龙等；第四章"其他古生物"则介绍了恐龙出现之前的、恐龙同一年代的和恐龙之后的其他古生物，让我们纵览生命的起源和演化过程。全书结构新颖、体例严谨、编排科学，并配以近六百幅栩栩如生的恐龙及古生物图片，使文字与图片紧密结合、引人入胜，整个神秘的恐龙时代逼真地展现在了青少年朋友面前。

本书带领你一起返回史前的壮观年代，看一看闲庭信步的梁龙、追逐猎物的暴龙……与所有的古生物进行一场亲密接触吧！

恐龙百科全书
ENCYCLOPEDIA OF DINOSAURS

目录

Part3
第三章　鸟臀目恐龙

鸟臀目恐龙就是除蜥臀目外的另一类恐龙，它的骨盆结构与现代鸟类相似，其耻骨朝向后面，与坐骨平行，从侧面看呈四射形状。

Part4
第四章　其他古生物

在恐龙生活的年代，甚至更久远的年代里就已经有了恐龙之外的其他古生物。

如何使用本书

　　为了方便读者使用本书,现将这本《恐龙百科全书》的使用方法做一个简单的介绍:本书共分为"恐龙时代"、"蜥臀目恐龙"、"鸟臀目恐龙"、"其他古生物"四章,每一个篇章都包括了该主题下若干知识点。阅读时,你可以在目录中找到感兴趣的内容,然后根据页码翻到该页。本书每一个主题内容下都配有精美的图片,并对图片附有名称或说明文字,使你一目了然。

书眉 ●
　　双页码标出书名,单页码标出篇章主题。

主标题 ●
　　为您提供当页的主题。

主标题说明 ●
　　主标题的下面是所要阐述的主要内容,多是对本版文字的概括性文字。

手绘图片 ●
　　根据文章内容由相应的学科专家参与、由资深插图画家绘制的图片,使史前恐龙重现眼前。

双脊龙

双脊龙

── 有着谜样头冠的恐龙 ──

双脊龙又名双冠龙,是一种早期的肉食性恐龙,生存于侏罗纪早期。它的身长可达6米,站立时头部离地约2.4米,可以说是一种体形修长的大型恐龙。双脊龙最大的特征便是头顶上长有两片大大的骨冠。

　　由于这种恐龙的遗骸出土的数量相当丰富,因此该恐龙的知名度颇高。

双脊龙的外形

　　双脊龙的体形与后来许多大型的肉食性恐龙相比,显得十分"苗条",所以它行动起来也应该比那些后期肉食性恐龙要敏捷得多。双脊龙的头部和颈部都比较短,但却很强壮,它的牙齿都比较长,而且它嘴部的前端特别狭窄,柔软而灵活,这样的构造方便它从矮树丛中或石头缝里将那些细小的动物衔出来吃掉。双脊龙前肢短小,后肢则比较发达,因而善于奔跑。

双脊龙的身体结构

　　双脊龙的整个身体骨架极细,它的头上有两块骨脊,呈平行状态。头骨上的眶前窗比眼眶要大。它的下颌骨比较狭长,上下颌都长着尖利的牙齿,不过上颌的牙齿要比下颌的牙齿长。短小的前肢掌部长有四根指头,指头都能弯曲,而它的前三根指上都有利爪,所以双脊龙能够抓握物体。双脊龙的后肢比较长,其中腿骨就占了很大的比例。它后肢掌部长着三根朝前的脚趾,趾上都朝前长着十分锐利的爪子。

X 档案
姓名:双脊龙
家族:兽脚类
时代:侏罗纪早期
身长:6米
体重:500千克
分布:美国亚利桑那州,中国云南省

头冠

短小的前肢

双脊龙后肢比前肢明显要粗壮。

篇章页

在篇章页中，整幅的生动图片会带您走进神秘的恐龙时代。

篇章页文字

对本章内容的一个整体介绍。

第二章 蜥臀目恐龙 | 55

脊龙头上有圆而薄的头冠，其功能说法不
古生物学家认为，其头冠是雄性双脊龙争
具，当雄性双脊龙发生对峙时，头冠较小的
能会不战而退，头冠大的胜利者就能在群
有地盘，并取得和雌恐龙交配的特权。但据
双脊龙的头冠是比较脆弱的，不太可
打斗。而有的古生物学家则认为，
龙的头冠外面或许会有艳丽的色
象公鸡的鸡冠一样，是吸引异性的

龙的生活形态

脊龙有发达的后肢，并且后肢掌部
利爪，因此能够飞速地追逐草食性恐
全力冲刺追逐小型、稍具防御能力的
恐龙，或者体形较大、较为笨重的蜥脚
如大椎龙等。双脊龙发现猎物之后，
采用三道攻势干净利索地解决掉猎
三道攻势分别是：用长牙咬，并同
卸和手指上的利爪去抓紧猎物。

双脊龙头上的双冠是平行生长的。

捕捉到猎物的双脊龙

笔直的尾巴

粗壮的后肢

双脊龙的骨架

双脊龙骨骼的发现

第一具双脊龙的骨骼化石是1942年在美国的亚利桑那州的北部发现的。刚发现的时候，古生物学家威尔斯还以为发现了斑龙的遗骸。直到1970年，他才将这次发现的化石命名为双脊龙（Dilophosaurus），意思就是有两个头冠的恐龙。后来，古生物学家在我国云南省也发现了双脊龙的化石。

辅标题

与主标题内容相关的辅助性知识的名称。

辅标题说明

对主要内容展开详细阐述，是主标题内容的深入。

小资料

与主标题内容密切相关的资料性内容，是对主标题、辅标题的补充和参考。

拉线图注

针对性较强的关于图片各个部位的说明。

照片

与文字内容吻合的实物照片，使读者对恐龙等古生物有一种真实感。

第一章　恐龙时代

恐龙生活的时代是地质史上的中生代时期，这一时期包括三个纪：三叠纪、侏罗纪和白垩纪。虽然在漫长的地球史中，恐龙时代显得比较短暂，但却是最富神秘感和戏剧色彩的一个时代。在这个时期里，爬行动物是地球上的霸主，其他任何动物都不是它们的对手，而陆地上最大的草食性和肉食性动物都是恐龙家族中的成员。中生代又是地球史上一个重要的变革时期，地球在此期间发生了巨大的变化，恐龙等古生物经历了起源、发展、并走向鼎盛，最后由于白垩纪末期著名的物种大灭绝事件而灭亡，中生代随即结束。目前我们只能通过研究珍贵的化石来对这群神秘的动物和那个神秘的年代进行了解。

地质年代

古生物的历史变迁

地质年代就是各种地质事件发生的时代。地质学表示时序的方法有两种：一种为相对地质年代，即利用地层层序律、生物层序律以及切割律等来确定各种地质事件发生的时期及先后顺序；另一种为同位素地质年龄，即利用岩石中某些放射性元素的蜕变规律，以年为单位来测算岩石的年龄，也称绝对地质年代。

地质年代的划分

前寒武时期

从地球诞生到寒武纪前的这段时期称为前寒武时期，这一阶段分为太古代和元古代。太古代是最古老的地质时期，这时的地壳很薄，火山活动强烈而且频繁，大气圈与水圈都缺少自由氧，但原始生命还是出现了，并已进入生物演化的初级阶段。至元古代初期，地表已出现了一些范围较广、厚度较高、相对稳定的大陆板块。大气圈中也已含有自由氧，中晚期藻类植物十分繁盛。震旦纪是元古代最后一个阶段，它是元古代与古生代之间的一个过渡阶段。

在大约6亿年前的前寒武纪末期，被视为动物的生物——埃迪卡拉生物群出现了。这些在海洋中诞生的生命，花费了极其漫长的时间从单细胞进化为多细胞。

古生代寒武纪时期的海洋生物景观

古生代

古生代约开始于5.7亿年前，结束于2.5亿年前。它分为六个纪，按时间顺序依次为寒武纪、奥陶纪、志留纪、泥盆纪、石炭纪和二叠纪。这一时期，海洋中的无脊椎动物达到空前繁盛，鱼类也大量繁殖起来，一些用鳍爬行的鱼登上陆地，成为陆上脊椎动物的祖先；此时两栖类也出现了。而植物在古生代早期以海生藻类为主，到志留纪末期，原始植物也开始登上陆地。到了石炭纪和二叠纪，蕨类植物特别繁盛，并形成了茂密的森林，为煤的形成提供了基本条件，因而这一时期也是重要的成煤期。

中生代

中生代约开始于2.5亿年前，结束于6500万年前，按先后顺序可分为三叠纪、侏罗纪和白垩纪三个纪。在这一时期里，爬行动物大为发展，恐龙更是称霸一时，陆地上的一些大型爬行动物重回海洋，而另一些则开始在空中活动。鸟类、有袋类和有胎盘的哺乳动物在这个时期也开始出现。这一时期，在古生代盛极一时的蕨类植物则日渐衰落，取而代之的是以苏铁和银杏为代表的裸子植物，中生代的后期还进化出了被子植物。

苏铁是中生代的代表植物。

新生代

新生代约开始于6500万年前，一直延续到现在，按时间顺序可分为第三纪和第四纪。第三纪又被细分为古新世、始新世、渐新世、中新世和上新世，第四纪则分为更新世和全新世。在这一时期，地球上的各个大陆板块逐渐漂移到今天的位置上。哺乳动物在这个时期里从微小简单的原始哺乳动物发展到占据各个生态圈的巨大的动物群，绝大多数现代哺乳动物种类在新生代早期就已出现了，其中始新世可以说是早期哺乳动物的全盛时期，鸟和被子植物也有很大的发展。自然界生物的大发展，最终导致人类的出现。

最早的现代人是在新生代的更新世时期出现的。

地质年代表

地球已经有大约46亿年的历史了，地球上的生物界从简单到复杂、由低等到高等、由水生到陆生，经历了极其漫长的演化历程。以生物演化为依据，人们建立了能反映地球相对年龄的地质年代表。在这个表上，最大的时间概念是宙，那些看不到或者很难见到生物的时代被称作隐生宙，而可以看到一定量生命以后的时代称作显生宙。宙下面又依次再分为代、纪、世。

		地质年代表		
宙	代	纪	世	
显生宙	新生代	第四纪	全新世	
			更新世	晚
				中
				早
		第三纪	新第三纪	上新世
				中新世
			老第三纪	渐新世
				始新世
				古新世
	中生代	白垩纪	晚白垩世	
			早白垩世	
		侏罗纪	晚侏罗世	
			中侏罗世	
			早侏罗世	
		三叠纪	晚三叠世	
			中三叠世	
			早三叠世	
	古生代	二叠纪	晚二叠世	
			早二叠世	
		石炭纪	晚石炭世	
			早石炭世	
		泥盆纪	晚泥盆世	
			中泥盆世	
			早泥盆世	
		志留纪	晚志留世	
			中志留世	
			早志留世	
		奥陶纪	晚奥陶世	
			中奥陶世	
			早奥陶世	
		寒武纪	晚寒武世	
			中寒武世	
			早寒武世	
隐生宙	元古代	震旦纪		
	太古代			

三叠纪

—— 恐龙时代的来临 ——

三叠纪是整个地球发生巨大变化的时代，约开始于2.5亿年前，结束于2.03亿年前，它位于二叠纪和侏罗纪之间，是中生代的第一个纪。三叠纪的开始和结束均以一次灭绝事件为标志。三叠纪是1834年由古生物学家弗里德里希·冯·阿尔伯提命名的，他将在中欧普遍存在的白色的石灰岩和黑色的页岩之间的三层红色岩石层表示的年代称为三叠纪，恐龙正是在这个时期开始出现的。

干燥的三叠纪

气候

代表三叠纪的典型红色砂岩向我们表明，当时的气候比较温暖干燥，没有任何冰川的迹象，那时的地球两极并没有陆地或覆冰。地球表面的地理分布决定了各地的气候，靠近海洋的地方自然是比较湿润而草木茂盛，但是由于陆地的面积十分广阔，使带湿气的海风无法进入内陆地区，大陆中部便形成了一个很大的沙漠，所以陆地上的气候相当干燥，这进而使得较耐旱的蕨类品种及不过分依赖水繁殖的针叶树逐渐在这些地区取得了竞争优势。

三叠纪时期的地球

陆地

三叠纪时期的地球与现今的地球截然不同，只有一块大陆，这块大陆被称为泛古陆，大致位于现在非洲所在的位置。泛古陆分为北边的劳拉西亚古陆和南边的冈瓦纳古陆。劳拉西亚古陆包括了今日的北美洲、欧洲和亚洲的大部分地区，冈瓦纳古陆则包括了现在的非洲、大洋洲、南极洲、南美洲以及亚洲的印度等部分地区。不过到三叠纪中期，泛古陆开始出现分裂的前兆，在北美洲、欧洲中部和西部、非洲的西北部均出现了裂痕。

海洋

泛古陆之外的地表上是一片一望无际的超大海洋，这个海洋横跨两万多千米，面积大小和今天的所有海洋的总面积差不多。而且由于当时地球上只有一个大陆，因此当时的海岸线比今天要短得多。三叠纪时遗留下来的近海沉积比较少，并且大多分布在现在的西欧地区，因此三叠纪的分层主要是依靠暗礁地带的生物化石来确定的。

植物

三叠纪时期的气候比较干旱，古生代时的一些主要植物类群几乎全部灭绝了。在当时广阔又炎热的劳拉西亚古陆上，植物有耐干旱的银杏、种子蕨类、苏铁及拟苏铁类植物等，靠近赤道和干燥地区则出现斑点松和苏铁林；而平均距海较近、纬度偏高的冈瓦纳古陆上则密布着木贼类植物，高耸的种子蕨甚至聚木成林。到了三叠纪后期，苏铁类和松柏类等借风力授粉的原始针叶植物最终取代了蕨类植物，成为当时地球上最常见的树。

松柏类植物由于耐干旱、风媒传粉，所以在三叠纪非常兴旺。

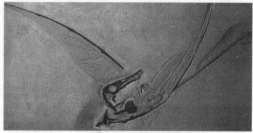

翼龙是最早飞向天空的爬行动物。

动物

在三叠纪，会飞的爬行动物——翼龙第一次飞向天空，巨大的爬行动物也第一次畅游大海。在陆地上，大型的肉食性动物，轻巧的捕猎动物，身披鳞甲、嘴巴像猪一样的草食性动物和像鳄鱼一样的食鱼动物等其他爬行动物与最早的恐龙生活在一起，其中的许多动物比最早的恐龙要大而且更为常见。这一时期出现了最早的哺乳动物，不过这些哺乳动物的个头比现在的老鼠还要小。

三叠纪的恐龙

三叠纪初期的恐龙种类并不多，这是因为没有独立而互相分隔的气候区刺激恐龙朝不同方向演化。而且恐龙这个物种在当时还处于发展初期，所以体形也比后来的要小得多。不过到了三叠纪后期，恐龙的体形显著变大，并出现了一些新的恐龙品种，这个物种的发展渐趋成熟。

鼠龙 埃雷拉龙 南十字龙 始盗龙 腔骨龙

侏罗纪

—————— 恐龙的鼎盛时期 ——————

侏罗纪是中生代的第二个纪，约开始于2.03亿年前，结束于1.35亿年前。自侏罗纪开始，恐龙进入鼎盛时期。侏罗纪得名于位于法国、瑞士交界处的阿尔卑斯山区的一座侏罗山。在侏罗纪时期，生物发展史上出现了一些引人注目的重要事件，如恐龙成为陆地的统治者、鸟类出现、哺乳动物开始发展等等。

侏罗纪时，造礁珊瑚有一个舒适的生存环境。

气候

侏罗纪时期全球各地的气候较为一致，都变得温暖而又潮湿，这是因为各大陆板块之间的海洋产生了湿润的风，为内陆的沙漠带来了大量的雨水。在这个时期，海平面上升，并淹没了大片低洼地，陆地上的潮湿气候使植物的生长速度更快，动物更容易找到食物，这就为动物的生存提供了更多的机会，而在海洋里，温暖的浅海也为造礁珊瑚的生长创造了适宜的条件。

陆地

泛古陆在侏罗纪时期开始分裂，各个大陆板块都慢慢向现在的位置漂移，冈瓦纳古陆脱离泛古陆并逐渐解体，渐渐分离出了如今的南极洲、亚洲的印度地区和大洋洲。在大陆板块的漂移过程中，板块与板块之间会相互产生碰撞，又使小面积的陆地脱离板块单独存在，如侏罗纪晚期非洲与欧洲南部的擦撞就损失了大量的陆地，这些散落的陆地形成了如今远隔两处的阿拉伯和西班牙的部分地区。

侏罗纪时期的地球

异齿龙

马门溪龙

枷椤，又称树蕨，是草食性恐龙的主要食物之一。

海洋

　　侏罗纪时的海洋开始切入泛古陆，并将劳拉西亚古陆与冈瓦纳古陆分开。大陆地壳上的裂缝生成了大西洋，它开始在现今非洲和北美洲的地区之间逐渐形成并扩大，印度洋在这个时候也开始形成。这些变化对陆地上的动物产生了重要影响，因为横在各大陆之间的海洋使它们无法再像以前那样混居在一起，这就使得各个大陆板块上的动物朝着各自的发展方向演变，形成了各种独有的动物类群。

植物

　　植物在侏罗纪时期开始延伸到从前的不毛之地，为分布广泛且为数众多的恐龙及其他动物提供了充足的食物。当时温暖的气候十分有益于陆地植物的生存和繁衍，低矮的蕨类植物长成茂密的灌木林，裸子植物到了极盛期，其中苏铁类和银杏类尤其繁盛，松柏类也占据了很重要的地位，这些乔木与灌木相互混合，几乎覆盖了整个地球表面，侏罗纪时期的地球成了名副其实的绿色公园。

侏罗纪时期的古蝉

动物

　　侏罗纪是爬行动物大繁盛的时期，恐龙成为陆地上的霸主，海洋中出现了蛇颈龙和薄片龙等几类新的海洋爬行动物，最早飞向天空的翼龙到侏罗纪时期取得了空中霸权。在侏罗纪晚期，始祖鸟等的出现更是生物演化史上的一个重要事件，这是爬行动物向鸟类演化的一次突破。除了爬行动物以外，地球上还有颇为丰富的其他动物物种，哺乳动物也处于不断进化之中。

侏罗纪的恐龙

　　侏罗纪时，地球上的气候温暖湿润，在全球的许多地方竟然没有热带与温带的差别。这种条件对恐龙的繁衍十分有利，它们迅速占领了各个大陆。在中生代，哺乳动物尚仅仅处于进化的早期阶段，恐龙基本上没有任何生存竞争的对手，它们理所当然地成为生物界的唯一霸主。这个时期，恐龙种类繁多，进入了它们的鼎盛时期。

剑龙

莱索托龙

嗜鸟龙

白垩纪

—— 恐龙王朝最后的辉煌 ——

白垩纪是中生代最后一个纪，约开始于1.35亿年前，结束于6500万年前。它是以一种灰白色、颗粒较细的碳酸钙沉积物——白垩命名的。白垩纪是地球发展史上的又一重要时期。在这一时期，恐龙由鼎盛走向完全灭绝，其他新生的动植物种类纷纷出现。这一时期也是全球发生大规模大陆漂移的时期。

极地在白垩纪时期可能形成了冰盖。

气候

随着海陆的变动，白垩纪早期的全球气候也有大幅变化：洋流把水汽带入以往的内陆地带，全球变得更加暖湿，沼泽面积也大大增加。到了白垩纪晚期，气候则开始恶化，全球气温降低。以我国为例，从我国白垩纪的沉积特点看，当时的生物生存条件十分恶劣，绝大部分地区属于干燥带，而且在整个亚洲的近太平洋沿海一带，曾有过频繁的火山喷发活动。

白垩纪时期的地球

陆地

白垩纪是地球景观发生巨大变化的时期，这一时期里，冈瓦纳古陆继续解体，劳拉西亚古陆则继续北移。在白垩纪早期，亚洲东部和北美洲西部的最北端有陆地相连，称为亚美大陆区。一条划开南北美洲和欧洲、非洲，并绕过南非最南端的岩浆活动带，拓宽了大西洋，孤立了南极洲和大洋洲大陆，并将印度向北推移，使之逐渐靠近亚洲大陆。南极洲与大洋洲之间也出现了裂谷，到了白垩纪末期，南极洲终于脱离大洋洲向南漂移。

恐爪龙

暴龙

海洋

白垩纪时期，海洋的新海盆开始张裂，大洋中新生的巨大山脉使海水溢到陆地上来，当时的海平面比今天要高出200米左右，这就导致海水覆盖了大部分的陆地。各陆块因而纷纷被孤立起来：北美洲逐渐被一条纵贯南北的浅海道分成东西两半，其西半部成了一个岛，北美洲东部、欧洲与亚洲之间也被浅海分隔，欧洲与非洲之间则隔着古地中海。

白垩纪时期海平面显著升高。

木兰花是白垩纪末期的主要植物。

植物

白垩纪早期，以苏铁和银杏为主的裸子植物仍然繁盛，但这一时期被子植物也开始出现。到白垩纪末期，被子植物迅速兴盛，代替了裸子植物的优势地位，形成延续至今的被子植物群，如木兰、枫、白杨、桦、棕榈等，并遍布地表。被子植物为某些动物，如昆虫、鸟类、哺乳类，提供了大量的食物，使它们得以繁衍；另一方面，动物传播花粉与散布种子，同样也助长了被子植物的繁盛和发展。

白垩纪的恐龙

在白垩纪晚期，虽然小型的哺乳动物逐渐多样化，其他的动物类群也日渐繁多，但恐龙仍然是主宰着陆地的生物。体形巨大的梁龙等蜥脚类恐龙在北方陆地上逐渐减少，但在南方大陆上还是具有一定优势的；兽脚类恐龙则从喜欢集体狩猎的恐爪龙到大型肉食性恐龙——暴龙都一应俱全；新的草食性鸟臀目恐龙在这一时期也开始出现。

动物

白垩纪时期的动物界也发生了巨大的变化，而且因陆地的分隔逐渐发展出了具有不同区域特色的动物群。爬行类在侏罗纪末期至白垩纪早期达到极盛，继续占领着海、陆、空。鸟类继续进化，其特征不断接近现代鸟类。哺乳类略有发展，出现了有袋类和原始有胎盘的真兽类。鱼类已完全以真骨鱼类为主。而与花朵关系密切的昆虫因开花植物的茂盛也兴旺了起来。不过，到了白垩纪末期，恐龙及当时大多数生物因为一次重大的灭绝事件同时从地球上消失了。

萨尔塔龙

尖角龙

艾德蒙托龙

恐龙灭绝假说

恐龙时代的结束

恐龙在地球上成功生活了1.6亿年之后，于6500万年前的白垩纪末期，从陆地上离奇消失了，当时和恐龙一起销声匿迹的还有大量的不同生态条件下的动植物和其他生物门类。恐龙的灭绝是地球生命史上的一大悬案，古生物学家提出了许多种理论来解释恐龙的死亡，目前关于恐龙灭绝的假说有几十种之多。

小行星撞地球。

小行星撞地球假说

目前较为普遍的说法是，造成恐龙灭绝的罪魁祸首是一颗直径10千米，质量为1.27万亿吨的小行星。当时这颗小行星猛烈地撞击在地球上，引起了惊天动地的大爆炸，爆炸的威力大约相当于里氏20级地震。爆炸产生的高温，使陆地上的森林燃起了熊熊大火。爆炸产生的大量尘埃被抛上天空，使地球的大气层黑云密布，遮天蔽日，地表温度骤降，植物无法进行光合作用而普遍枯死，进而大量草食性和肉食性动物先后被饿死或冻死，恐龙更是首当其冲。

火山爆发假说

还有一种假说认为，白垩纪末期地球上发生了火山大爆发，火山爆发使许多恐龙死于非命，而且在爆发过程中，剧烈的火山活动把大量火山灰、硫酸盐及二氧化碳喷到大气当中。在喷发后的几年中，那些硫酸盐雾和尘埃会遮蔽阳光，从而造成气候寒冷。对于只能适应温暖炎热气候的恐龙来说，这是绝对无法忍受的。于是它们在短时间内迅速衰减直至绝灭。

火山爆发时，恐龙惊慌逃命，但还是无法逃脱灭绝的命运。

气候变化假说

　　白垩纪时期的气候显著变化，是古生物学家猜测的导致恐龙灭绝的又一可能原因。侏罗纪湿热的气候和几乎常年不变的温度，为恐龙提供了一个最惬意的生存空间。进入白垩纪以后，地球发生了许多对恐龙发展不利的变化。地球全球性自然环境变坏，整体气候变冷，气候季节性明显，昼夜温差变大，气候暖湿的区域逐渐缩小。气温的强烈变化影响到恐龙生活，并有可能改变其性别比例，从而造成恐龙大规模的灭绝。

气候的变化影响了恐龙的生活并导致其死亡。

食物中毒或匮乏假说

　　食物中毒以及砷等元素中毒也可能是恐龙灭绝的原因之一。白垩纪后期，植物的更替使草食性恐龙在改换食物的过程中，因无法排除新植物中的毒素，积累成患，最终导致中毒而大批死亡。同时，也不排除因食物匮乏而引起恐龙种群自发节育并最终因无后而灭绝的可能。这一点如同现代的某些鸟类和哺乳动物，它们能在食物短缺时产生一种本能的信息控制机体，用少生育的方法来减轻环境对种群的压力。

恐龙越来越难以找到食物。

海洋变迁假说

　　从白垩纪中期开始，大陆板块的分离和漂移速度都明显加快。所以古生物学家认为这也可能会导致恐龙的灭绝。在那个时期，非洲大陆与欧亚板块相撞，许多环太平洋的火山系也在这时上升、形成，海洋环流变得更为复杂。到了白垩纪晚期，地壳运动加剧，造成大规模的海退，海平面开始大幅度下降，海面的范围大大缩小，空气的温度会上升若干度，而恐龙身体的温度调节系统可能无法适应这种变化，从而导致恐龙灭绝。

保护地球就是保护我们人类自己。

恐龙灭绝的启示

　　虽然关于恐龙灭绝的假说还有很多种，但随着现代科学技术的发展，人类最终会将谜底解开。从目前所提出的关于恐龙灭绝的种种设想来看，我们都能发现，恐龙灭绝与环境变化有着密切的联系。恐龙灭绝以及其他地质历史期间发生的重大灭绝事件带给人类的启示是：要关注人类的生活空间，要维持生态平衡，保护我们赖以生存的环境。

恐龙化石

—— 恐龙研究的信息来源 ——

恐龙的股骨化石

恐龙化石是恐龙留给人类的宝贵遗产。通常所讲的恐龙化石主要分为两大类：一类是恐龙的遗体经石化而形成的化石，包括恐龙的骨骼化石和牙齿化石，这是我们了解恐龙生活的主要线索；另一类是痕迹化石，指与恐龙生存活动相关的遗迹，经石化而固定下来的痕迹或实物，包括蛋化石、粪便化石、足迹化石等等。

菊石化石的形成过程

化石的形成

生物死亡后，身躯通常会消失，或被食腐性动物吃掉，或因细菌而腐烂，也有因为风化而分解的，但化石是个例外：死亡已久的生物遗骸，被沉积物所掩盖，因而逃过了被彻底毁灭的下场。经过长时间的物理化学变化后，当这些遗骸上面的沉积物硬化成沉重的岩层时，遗骸就会变成化石。后来，岩层中的某些部位有时会隆起或受到侵蚀，从而使隐藏其中的化石暴露出来。

化石的挖掘

挖掘化石是一项棘手的工作，比较适宜在干燥的环境下进行。由古生物学家组成的专家队伍要设法找出将恐龙化石从岩石里挖掘出来的最有效方法。在阳光的照射下，化石会受热膨胀，到夜晚又会冷却收缩，所以化石一旦出土，将会慢慢破裂。因而在挖掘过程中，要采取必要的保护措施，用木框或布固定化石骨架，再用吊车小心地将其拖吊出。最终将化石完好地发掘出来后，再运回博物馆进行修复研究。

自贡大山铺恐龙化石挖掘现场

重塑恐龙模型

　　做恐龙模型首先要把恐龙化石小心地从石膏或化学保护罩里取出来，然后用凿子把化石上的石屑或泥土一一清除干净。至于细部的清除，就得靠更精细的动力工具来完成，如类似牙医用的钻孔机。另外，化石上多余的岩石也可以用化学药剂来溶解。然后研究人员再把清理干净后的骨骼化石拼凑起来，作为探究恐龙生活形态的范本。有些线索会直接在恐龙的骨头化石上发现，例如肌肉附着的地方有时会留下明显的痕迹，这些痕迹是重塑恐龙肌肉时最好的依据。

牙齿化石

　　牙齿是动物身上最坚硬的部分，它最耐磨损也最不易风化，因此最易形成化石并被保存在地层里。人们发现的第一个恐龙化石就是一颗禽龙的牙齿。有许多恐龙的命名，实际上仅仅凭的是几枚牙齿化石。一般情况下，光靠牙齿是无法知道恐龙的形体特征的。但如果发现的是一只早已研究清楚的恐龙牙齿化石，那么这只恐龙的模样马上就可以被肯定。

痕迹化石

　　除了恐龙的遗体化石之外，恐龙的某些生活痕迹也会成为化石，这为人们了解各种恐龙的生活形态提供了依据。这些痕迹化石主要有足迹化石、粪便化石等。恐龙足迹化石是研究恐龙的某些生态特征以及行走、奔跑速度的科学依据。而粪便化石则是研究恐龙的食性、食量等方面的重要信息。

恐龙的粪便化石

霸王龙牙齿的前后齿刃上有锯齿边缘。

霸王龙尖锐的牙齿化石

1亿年前的恐龙蛋化石

恐龙蛋化石

　　恐龙产的卵，因具有坚实的外壳，故可在地层中保存为化石。恐龙蛋大小不一，小的直径为3厘米左右，大者可达56厘米，形状通常为卵圆形，少数为长卵形或椭圆形，可成窝保存。恐龙蛋化石最早是在法国南部发现的。蛋壳表面的显微结构和爬行类的龟蛋很相似，基本上是由很多细小的圆锥形的乳突组成，乳突的末端向外突出，在蛋壳表面上形成了密集的瘤状小突起纹饰。恐龙蛋化石是一类很稀有而又很特殊的化石，仅在亚洲、非洲、欧洲和北美等地有少量发现。

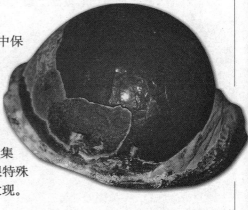

恐龙公墓

—— 恐龙的集体死亡 ——

在世界一些地方，大量恐龙遗骸集中埋藏在了一起，人们把这些集中埋葬恐龙的地方称为恐龙公墓。这些公墓中的恐龙常常仅为一种，但有时则有多种。恐龙公墓往往是恐龙突然遭遇某些自然灾难而被迅速埋葬形成的。这是恐龙留至今天的最有价值的遗产之一，因其发现数量很少，所以一旦发现，便会引起世人瞩目。

火山爆发也会造成附近的恐龙集体死亡。

加拿大艾伯塔省恐龙公园

艾伯塔省恐龙公园在加拿大西南部的艾伯塔省，它位于靠近卡尔加里的雷德迪尔峡谷之中。这里是世界上规模最大的白垩纪恐龙化石群的集中地，也是世界上恐龙化石埋藏量最丰富的地区之一，可以说是一个露天的恐龙博物馆。人们在这里发现了60多种不同种类的恐龙化石，这些化石姿态万千，或卧或立，有的像是在追捕其他动物，有的呈奔跑的样子，有的则仰头向天，嘴巴大张，像是在嘶叫。

美国国立恐龙公园

美国国立恐龙公园建立在犹他州东北部与科罗拉多州的交界处，迄今为止，人们在这座恐龙公园内已挖掘出85具恐龙骨架。1909年，古生物学家厄尔·道格拉斯在这里发现了一个恐龙公墓，那是当时世界上最大的恐龙化石埋藏点，他在里面发现了尾椎连在一起的8只恐龙。道格拉斯在其后的14年间，从这个化石坑中发现了侏罗纪晚期几乎所有的恐龙，他还找到了同一种恐龙不同年龄的个体。美国便在此基础上建立了美国国立恐龙公园。

美国犹他州被称为"恐龙之乡"。

自贡大山铺恐龙化石遗址

四川自贡是我国重要的恐龙化石产地。在其市郊的大山铺一带，侏罗纪的陆相地层较为完善，恐龙化石就埋藏在这里的侏罗纪早、中期陆地层中。经勘察，大山铺恐龙化石遗址化石富集区达1.7万平方米，共分为3~4个小层。仅在两个800多平方米的区域内就挖掘出恐龙个体化石近百个，完整和较完整的骨架30余具。在这个化石群中，有相当一部分是新属新种，这在国内外同地质时代的地层中极为罕见。

在自贡大山铺恐龙化石遗址上建立的自贡恐龙博物馆成为了继美国国立恐龙公园、加拿大艾伯塔省恐龙公园之后的世界第三大恐龙博物馆。

二连浩特恐龙墓地

二连浩特是我国内蒙古地区最早载入国际古生物史册的恐龙化石产地。在距离二连浩特市区18千米的额仁淖尔盐池一带为恐龙挖掘现场，是世界上著名的恐龙墓地。20世纪20年代，人们在这里挖掘出了我国首枚恐龙蛋化石。1985年以来，这里又相继出土了300余件恐龙化石及恐龙共生物化石。其中在苏尼特右旗挖掘出的一具完整恐龙化石，是亚洲最大、最完整的恐龙化石，其身长21米，高6米，被命名为"查干诺尔恐龙"。

元谋恐龙公墓

1996年至2004年间，古生物学家在云南元谋县姜泽乡半菁村挖掘出大型恐龙化石群。在这里，几百个个体的恐龙集中在一起，形成了一个真正的"恐龙公墓"，规模上超过了内蒙古的二连浩特和四川的自贡。这里的恐龙化石的年代从侏罗纪早期延续到白垩纪早期，跨越了将近1亿年，生存年代跨度这么长的恐龙集中埋藏在一个层位上，而且很少有二次搬运埋藏，说明这个集中不是地层变动或冲刷导致的化石集中，这引发了人们对于恐龙是否有集体或固定的死亡墓地的讨论。

元谋恐龙公墓的一角

第二章　蜥臀目恐龙

　　蜥臀目恐龙是恐龙的两大类群之一，其中既包括了草食性的蜥脚类，又包括了肉食性的兽脚类。这两种食性截然不同的恐龙有着一个重要的共同特点，即它们的骨盆结构像现代蜥蜴一样，其耻骨在髂骨下方向前延伸，坐骨向后伸，从侧面看呈三叉形状。这两种恐龙都从三叠纪晚期一直生活到了白垩纪，它们随着时间的推移，体形也日趋庞大。蜥脚类恐龙更是恐龙王国中当之无愧的"巨人"，而且它们还具有头小、脖子长、尾巴长、牙齿成小匙状等特征，梁龙便是其典型代表；蜥臀目中的另一类——兽脚类则凶残好斗，一般以两足行走，趾端长有锐利的爪子，口中更是长着匕首那样的利齿，暴龙就是我们最熟悉的兽脚类恐龙。

板龙

—— 体形庞大的早期恐龙 ——

板龙是最早的草食性恐龙中的重要代表，其化石广泛发现于西欧各地。在板龙出现以前，最大的草食类动物的身材也就像一头猪那样大。而板龙要比猪大得多，它的身体有一辆公共汽车那样长。由于板龙骨架化石经常是被成群发现的，许多古生物学家推测，这种恐龙可能过着群居生活，就像现代的河马和大象那样。

板龙

板龙的外形

板龙的身躯庞大，有着细长的颈部和厚实有力的尾巴。它的头部细小而狭窄，口鼻部较厚，而且有很多牙齿，下颌上的鸟喙骨以及扁平的颌部关节能使咬合更有力。板龙的前肢短小，其掌部有五个指头，拇指有大爪，爪能自由活动，既可用来赶走敌人，也能抓摘食物。笨重的板龙很可能要用四肢行走，但有时也可直立，直立时高达4米，是三叠纪中最大的恐龙之一。

X档案	
姓名：	板龙
家族：	蜥脚类
时代：	三叠纪末期
身长：	6~8米
体重：	4吨
分布：	法国杜伯斯，德国巴登符腾堡州、巴伐利亚州，瑞士阿尔高州

手骨

从板龙的手骨化石上可以看出，板龙有五根长短不一的指头，外侧的两根较短，中间两根较长，还有一根粗大的拇指。板龙的这根大拇指可以很容易地向后弯曲，而且由于大拇指的长爪太长，所以平时必须抬离地面，以免影响四肢的正常行走。板龙的手指在行走时按在地上像脚趾，但如果它想抓住什么东西的话，它就会弯曲自己的五根指头，向前抓握，紧紧地攒成一个拳头。

板龙的手骨

板龙的生活形态

板龙有时候用四肢爬行并寻觅地上的植物，但当需要时，它可以靠两只强壮的后肢直立起来，并用弯曲的拇指钩住树上的小枝，送进嘴里。板龙与在它之前生存的任何一种恐龙都不同，它可以够到树木上的树梢。板龙的牙齿和颌部不太适合咀嚼，所以它可能会吞下各种石头，让它们储存在胃中，像一台碾磨机那样滚动碾磨，把食物碾碎成糊状以便于吸收，而且板龙需要不断迁徙去寻找足够的食物。

板龙四处张望寻找食物。

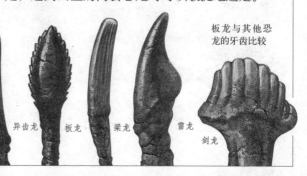

禄丰龙

板龙的亚洲兄弟——禄丰龙

禄丰龙化石是1941年在我国云南省禄丰县的侏罗纪早期岩层中发现的，根据出土的化石进行复原的禄丰龙长得酷似板龙。关于禄丰龙，我国古脊椎动物学家认为有两个种，即许氏禄丰龙和巨型禄丰龙。许氏禄丰龙全长5.5米，站起来有2米高，脖子相当长，约为背长的80%。巨型禄丰龙的体形要比许氏禄丰龙大1/3，两者同属于一个类群。禄丰龙用四足行走，遇到凶猛的肉食恐龙时可以敏捷地逃走。

站立不倒的板龙

在欧洲中部许多采石场的三叠纪晚期岩层里，考古工作者先后挖掘出几十具板龙的化石骨架。许多板龙化石保存了完好无损的大腿骨，而且这些大腿骨经常是直立在岩层中的。这种不寻常的姿势暗示：这些恐龙死的时候是站立着的，而且这种站立的姿势在其死后还保持着。也许，它们同时陷于淤泥下并在这样的位置上粘牢，而这些淤泥在亿万年后变成了泥岩。

板龙与其他恐龙的牙齿比较

异齿龙　板龙　梁龙　雷龙

剑龙

大椎龙

───── 食性不明的恐龙 ─────

大椎龙又称为巨椎龙，其学名"Massosp-ondylus"意为"有巨大的脊椎的蜥蜴"，一只成年的大椎龙若靠两条后肢站起来的话，头部可以够到双层公共汽车的顶部。它的头小颈长，外形比同时期的板龙要小巧得多。一般四肢着地，也能仅用后肢站立起来采食。前肢上的"手"很大，拇指上长着大而弯曲的爪，这样的结构可能方便捡取食物，不过它的食物到底是什么，目前还没有定论。

X档案

姓名：	大椎龙
家族：	蜥脚类
时代：	侏罗纪早期
身长：	5米
体重：	不详
分布：	美国亚利桑那州，莱索托，纳米比亚，津巴布韦

悠闲前行的大椎龙

大椎龙的外形

大椎龙的外形相较于板龙而言，要轻巧得多，它的头显得更小，胸部较浅，尾巴更细长，四肢也更瘦长。与整个身体相比，大椎龙的头部和颌显得较小。它的前肢结实，指间距离较宽。拇指上的爪特别大，而且可以弯曲。大椎龙大多时候以四足行走，并且在行走时的姿势可能是抬着头，尾巴保持水平状态。

髂骨

尾椎骨

坐骨

股骨

胫骨

趾骨

耻骨

肱骨

肩胛骨

掌骨

指骨

大椎龙的骨架

大椎龙的头骨

有锯齿边缘的上颌牙齿

颌关节　鸟喙骨隆突　血管孔　下颌牙齿

大椎龙的颌部

大椎龙有一个罕见的突起上颌，这可能表示在下颌骨末端的嘴喙部位是皮质的，但这种说法又与大椎龙的下颌前端存在牙齿的说法有冲突。而大椎龙的下颌像板龙一样有一个鸟喙骨隆突，这个鸟喙骨隆突与板龙的相比要浅平一些，但也能够控制附着在下颌的肌肉。大椎龙的颌部关节在上排牙齿的后方，它的牙齿很小，可以咬碎树叶，但咀嚼功能却不强。此外，大椎龙上下颌都长着血管孔可以让血管通过，这表明它长有脸颊。

大椎龙的生活形态

　　大椎龙是陆地上最早出现的以植物为食的恐龙之一。它依靠两条后肢直立，能够到大树顶上的嫩芽和树叶。当人们最初发现这种恐龙的化石的时候，在它的肋骨部位找到了一些小卵石，古生物学家们估计这是大椎龙用来帮助它在胃中消化食物的。而且根据化石的发现地点可以得知，大椎龙的栖息区域较为广泛，它既可以生活在森林茂密的北美冲积平原上，也可以生活在非洲南部大地上。

用来帮助消化的胃石

大椎龙的亲戚——鼠龙

　　古生物学家把活跃于2.3亿年到1.78亿年前，最早出现的草食性恐龙称为原蜥脚类。原蜥脚类恐龙除了板龙、大椎龙外，比较有代表性的还有鼠龙。鼠龙可能是迄今发现的最小的恐龙。1979年，在阿根廷发现了鼠龙幼龙的化石，它的头、眼睛和四肢与身体相比较而言显得很大。幼龙的化石只有20厘米长，与一只小猫的大小相当。但由于未发现成年鼠龙化石，所以有的古生物学家认为这些化石也可能是某种已知恐龙的幼体。如果这种说法成立的话，那它所属的这类恐龙就可能不是最小的恐龙。

大椎龙的牙齿

鼠龙的幼体

大椎龙的食性

　　一直以来，人们都认为大椎龙是草食性恐龙，但有的古生物学家根据出土的大椎龙化石骨架特征提出，大椎龙和其他类似的原蜥脚类恐龙属于肉食性恐龙。这是因为大椎龙具有高而坚固的前排牙齿，且它的牙冠有锯齿边缘。还有古生物学家认为大椎龙应是杂食性恐龙，它用前面的牙齿撕咬肉类，而用后方的牙齿咀嚼植物。

梁龙

—— 最长的草食性恐龙之一 ——

梁龙的身体比一个网球场还要长，一度被人们认为是世界上最长的恐龙，但它的体重却不是最重的，只有两头成年亚洲大象那么重。原来，梁龙的骨头非常特殊，不但骨头里边是空心的，而且还很轻。梁龙以树叶和蕨类植物为食物，属于草食性的恐龙。

梁龙的外形

梁龙有着长长的脖子，可是脑袋却很小，脸部较长。它的鼻孔很奇特，长在眼眶的上方。嘴的前部长着扁平的牙齿，侧面和后部则没有牙齿，吃东西的时候不咀嚼，而是将树叶等食物直接吞下去。梁龙的四肢像柱子一样，前肢较短，后肢较长，所以臀部高于前肩；掌部都有五个指（趾）。梁龙的尾巴甚至比脖子还长，并且逐渐向末端变细，从而形成容易弯曲的鞭子状结构。

X档案	
姓名：梁龙	
家族：蜥脚类	
时代：侏罗纪末期	
身长：27米	
体重：12吨	
分布：美国科罗拉多州、蒙大拿州、俄克拉荷马州、俄亥俄州	

梁龙

穿行于杉林中的巨大梁龙。

梁龙的生活形态

梁龙不仅吃树蕨、苏铁、银杏、松柏等高大植物的枝叶，有时也吃低矮的蕨类和其他植物。古生物学家们认为，梁龙获取食物时，将身体直立，以后肢和尾巴形成三角架支撑，以便触及树梢。由于梁龙没有用来咀嚼食物的后排牙齿，肌肉发达的胃便发挥了重要的作用。梁龙胃里的胃石能将叶子磨碎，叶子通过肠子，到达盲肠，再由盲肠里的细菌完成对食物的消化过程。足迹化石证明梁龙总是在耗尽某个地区的食物后，便迁徙到新的地方。

梁龙需要经常迁徙，以满足它惊人的大胃口。

"双梁"

到目前为止，已发现的最长的完整恐龙骨架是梁龙的。梁龙的身体被一串相互连接的中轴骨骼支撑着，称为脊椎骨。它的脖子由15块颈部脊椎骨组成，胸部和背部有10块背部脊椎骨，而细长的尾巴内有大约70块尾部脊椎骨。梁龙的尾部中段每节尾椎都有两根人字骨延伸构造，学名"双梁"就由此得来。当梁龙的尾部下压触地将身体撑起时，这种"双梁"构造可用以保护尾部血管。

梁龙的亲戚——地震龙和重型龙

地震龙发现于美国新墨西哥州侏罗纪晚期的岩层中。它体长可能达34米，体重则重达30吨。地震龙的外表与梁龙十分相像，都长着长脖子，小脑袋，以及一条细长的尾巴，鼻孔长在头顶上；它嘴的前部有扁平的圆形牙齿，后部没有牙齿；前肢比后肢短一些。它们连吃东西的方式几乎都是一样的。梁龙的另一位亲戚重型龙外形也与它很相近，只是重型龙的长颈比梁龙的颈部要长1/3。它颈部脊椎骨每节大幅延长，因此长颈可触及相当远的地点。

一只梁龙正在享受它的"佳肴"。

梁龙的自卫武器

虽然梁龙是行动迟缓的草食性动物，但这并不表示它面对敌人时束手无策。它用强有力的尾巴来鞭打敌人，迫使进攻者后退。梁龙还可用后肢站立，用尾巴支持部分体重，腾出巨大的前肢来自卫。梁龙前肢内侧趾上有一个巨大而弯曲的爪，那可是它锋利的自卫武器。

地震龙

圆顶龙

头骨短厚的恐龙

圆顶龙是北美最著名的恐龙之一，生活在侏罗纪末期开阔的平原上。圆顶龙代表了蜥脚类的一个演化支系，它已是一种较为进步的蜥脚类，不仅体形大，而且在骨骼上已演化出协调巨大体重的结构。与巨型长颈恐龙相比，圆顶龙的脖子要短得多，尾巴也要短一截，所以显得十分敦实。

外形敦实的圆顶龙

圆顶龙的外形

圆顶龙与梁龙等长颈恐龙的外形有所不同，它的脑袋大而厚实，鼻子是扁的，它的牙齿长得像钻石一样，当磨损坏了时，它还能长出新的牙来代替原来的旧牙。它的脖子比其他蜥脚类恐龙要短很多。圆顶龙的四肢比较粗，就像树干一样稳稳地支撑起它全身的重量，其前肢比后肢略短，掌部都长有五个指（趾），在前肢掌部还长着一个长而弯曲的爪。它靠着这对长爪赶跑攻击它的敌手，以保护自己。

人字骨

圆顶龙的骨骼

圆顶龙的头骨较大，而且又短又厚，其细长的颈椎骨同为数不少的颈部脊椎关节衔接起来，脊椎骨的中间是空腔，这样就大大减轻了圆顶龙的体重。它的四肢骨架十分健壮，足以支撑全身的重量，它的肱骨几乎与股骨长度相等。圆顶龙有50节左右短的尾部脊椎关节，它尾部脊椎的特点是具有分叉骨骼，这些分叉骨骼又被称为"人字骨"，它们保护着位于中枢下方的血管。每根骨骼的长下棘为肌肉提供了附着的地方。

圆顶龙的生活形态

　　圆顶龙是草食性恐龙，它可能靠吃树木低矮处的枝叶为生，而把树顶部的嫩树叶留给了身材更高大的亲戚们。它每天的绝大部分时间都在进食，由于它庞大的身躯需要太多的食物来供给养料，所以它经常迁徙以寻找丰足的食物。但圆顶龙在吃东西时从来不嚼，而是将整片叶子吞下。它有一个非常强大的消化系统，还会吞下砂石来帮助消化胃里的一些坚硬的植物。圆顶龙习惯过群居生活，并且还会照看自己的孩子。

圆顶龙会保护好自己的孩子，不让它们受到肉食性恐龙的攻击。

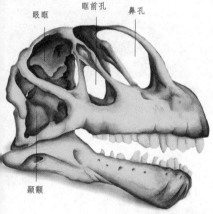

眼眶　　眶前孔　　鼻孔

颞颥

圆顶龙的头骨

圆顶龙的头部

　　圆顶龙的头骨较大，有浑圆的头顶，它的头颅具有骨质支柱和窗口般的开孔。在它短而深的头骨内，包藏着很小的大脑，所以它可能不太聪明。在它深陷的眼眶前部，长着两只巨大的鼻孔，耸在头顶上，这说明它的嗅觉可能极为灵敏，有助于躲避危险。其眼眶后部还有一个大洞，是用来容纳颌部肌肉的颞颥。圆顶龙的嘴部短钝，嘴里的牙齿排列得较密。

圆顶龙

圆顶龙化石

　　古生物学家在美国曾发现了丰富的圆顶龙化石，其中不乏保存非常完好的个体。其中，有一具长约6米的小个体，骨架完好如初，其埋藏时的姿态，就像一只奔腾的骏马。从这具精美的化石标本上，人们了解到了它生长发育引起的体态变化：恐龙的幼体较之于成体，头骨按比例更大，眼眶尤其明显，脖子相对较短，多数骨骼上的骨缝没有愈合。这些变化在现生动物的生长发育过程中也同样可以观察到。

雷龙

——— 响声如雷的恐龙 ———

雷龙是一种草食性大型恐龙，头部较小，颈部和尾巴很长。它们一度是蜥脚类恐龙中生活得最为成功的一群，但在6500万年前的物种大灭绝中同其他恐龙一起消失了。雷龙是1877年由古生物学家马什命名的，它的分布极其广泛，目前除南极洲以外的各大洲都有它的化石出土。

X档案	
姓名：雷龙	
家族：蜥脚类	
时代：侏罗纪末期	
身长：21米	
体重：25吨	
分布：美国科罗拉多州、犹他州、奥克拉荷马州、怀俄明州、加利福尼亚州，墨西哥巴雅	

雷龙的外形

雷龙的脖子大约有6米长，基本与躯体长度相等，其尾巴更是长达9米。雷龙的四肢有如今天的大象一般(当然还要大得多)，脚掌的面积约有一把完全张开的伞大小。由于雷龙身体的后半部比前半部高，后肢也相对更有力，古生物学家相信它可能有能力利用后肢站立，以弥补在身高上的不足。另外，也有专家认为它会低下头，摄食地面上的低矮食物。

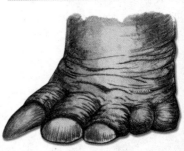

以前古生物学家都认为雷龙有两至三个大爪。

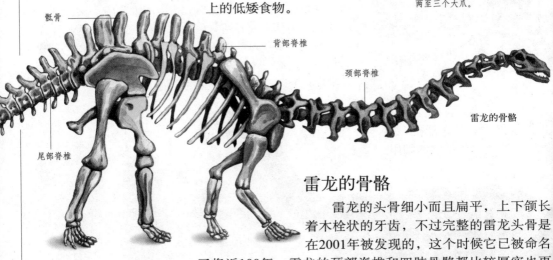

骶骨

背部脊椎

颈部脊椎

尾部脊椎

雷龙的骨骼

雷龙的拇指骨骼

雷龙的骨骼

雷龙的头骨细小而且扁平，上下颌长着木栓状的牙齿，不过完整的雷龙头骨是在2001年被发现的，这个时候它已被命名了将近100年。雷龙的颈部脊椎和四肢骨骼都比较厚实也更加重，它的指骨中只有拇指上才有爪子，指尖端的弯曲骨骼是角质大爪的核心，以前古生物学家认为雷龙有两个或三个大爪的说法是不准确的。除了以上特点之外，雷龙的尾部脊椎骨结构和梁龙等长尾巴恐龙差不多。

完整的雷龙化石

雷龙骨骼脆弱，难以留下化石纪录，所以迄今发现的雷龙化石都非常零碎，头骨化石尤其稀少，以至于很长时间内，古生物学家都用圆顶龙的头部代替雷龙头部。直到2001年，人们在非洲的马达加斯加西北部一个采石场的砂岩中发掘出了的一具恐龙化石，它是目前为止出土的最完整的雷龙化石，它包含了一整个头骨及绝大部分其他骨骼。它使得学术界关于雷龙头部特征的争论有了结果。根据它可以推断出，雷龙的头部形状与马的头部类似，鼻孔位于头部的前方，而不是像有些学者认为的，头部像牛羊，鼻孔位于两侧。

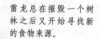

雷龙与马的头部比较

> ### 雷龙的名称变化
>
> 雷龙又称为迷惑龙。最初，人们发现了一个非常大的恐龙胫骨，这令当时的研究者十分迷惑，而于1877年命名为"Apatosaurus"，原意就是"迷惑"的意思。之后，另一群研究者发现了几个零碎的恐龙骨骼化石，推测这个恐龙体形巨大，行进时可能如雷声隆隆，故取名雷龙(Brontosaurus)。不过，后来经鉴定两者为同一种生物。依据古生物学的命名权优先原则，迷惑龙命名在先，所以雷龙的学名就以"Apatosaurus"为有效名。

雷龙的生活形态

雷龙总在摧毁一个树林之后又开始寻找新的食物来源。

雷龙的主要食物是羊齿类和苏铁类植物，它们会把所有食物鲸吞，几乎完全不经咀嚼地直接送到胃里。一群庞大的雷龙可以在短短的几天内摧毁一个树林。不过，那时候的主要植物生长速度非常快，体形庞大的雷龙因为有充足的食物和暖和的天气，在北美洲的大地上迅速繁衍，成为了侏罗纪末期北美洲草食性恐龙的主流物种。雷龙还是一种群体活动的恐龙，经常进行极其壮观的大迁徙，这一证据主要来自今天所发现过的雷龙群体活动的脚印。

马门溪龙

脖子最长的恐龙

马门溪龙的长度和一个网球场一样长，它是到目前为止，已知曾经生活在地球上的脖子最长的动物。马门溪龙能够利用脖子很轻易地将高处的树叶扯下来，由于它的这条长脖子使马门溪龙的身形显得非常苗条，而且它27吨的体重相对于它的身躯而言是相对较轻的，因为它的脊椎骨中有许多空洞。

马门溪龙的整体结构就如一座拱桥。

头骨

颈椎骨

马门溪龙的颈椎骨和头骨化石

马门溪龙的外形

马门溪龙以头骨轻巧、头骨孔发达、鼻孔侧位、牙齿呈勺状、下颌瘦长为主要特征。从外形上看，四肢着地时的马门溪龙，活像一座拱桥。四肢就像桥墩，承受着全身的重量，长长的尾巴和颈部就像一头接地一头上山的引桥。马门溪龙的脑袋小得可怜，甚至还不如它自己的一块脊椎骨大。但马门溪龙的眼眶内具有巩膜环，可以调节光线，由此古生物学家估计，其视力良好，可以洞察大范围内的食物和敌害等情况，从而提高了对外界的感知能力，这对其生存是极其有利的。

颈部

马门溪龙从鼻子尖到尾巴梢的总长度为22米，其中有11米是它的脖子长度。它的脖子由长长的、相互叠压在一起的颈椎支撑着，因而十分僵硬，转动起来非常缓慢。它脖子上的肌肉相当强壮，支撑着它那像蛇一样的小脑袋。而且，在恐龙中，马门溪龙的颈椎骨是最多的，它的颈部脊椎骨数目多达19块，比其他任何一种长脖子的蜥脚类恐龙的颈部脊椎骨都多。

X档案	
姓名：	马门溪龙
家族：	蜥脚类
时代：	侏罗纪末期
身长：	22米
体重：	27吨
分布：	中国四川、甘肃、新疆

长11米

马门溪龙

马门溪龙的生活形态

以前，有些古生物学家认为马门溪龙站在湖里，颈部浮在水上，用嘴咬食周围水生植物柔软的叶子。但现在的古生物学家普遍认为在1.45亿年前，马门溪龙生活的地区到处生长着红木和红杉树。成群结队的马门溪龙穿越森林，用它们小的、钉状的牙齿啃吃树叶，以及别的恐龙够不着的树顶的嫩枝。马门溪龙四足行走，它那又细又长的尾巴拖在身后，在交配季节，雄马门溪龙在争夺雌性的战斗中会用尾巴互相抽打。

马门溪龙可以利用它的长脖子吃到很多其他恐龙无法吃到的食物。

永川龙

马门溪龙的天敌

永川龙和马门溪龙生活在同一时代同一地区。它是一种大型肉食性恐龙，全长约10米，站立时高4米。它有一个又大又高的头，略呈三角形，嘴里长满了一排排锋利的牙齿，就像一把把匕首。它的脖子较短，但尾巴很长，站立时，可以用来支撑身体，奔跑时，翘起的尾巴可作为平衡器用。其前肢很灵活，指上长着又弯又尖的利爪，后肢又长又粗壮，也生有三趾。永川龙常出没于丛林、湖滨，行为可能像今天的豹子和老虎。

马门溪龙的下颌骨

马门溪龙名字的来历

我国第一具马门溪龙化石于1952年发现，当时在四川宜宾的马鸣溪渡口旁发现了一具保存不是十分完整的蜥脚类恐龙化石，中国古脊椎动物学家杨钟健教授以发现地将其命名为马鸣溪龙。由于杨教授是陕西人，说话有些地方口音，在说马鸣溪的时候别人误听为马门溪，于是，在后来的文字记录中马门溪龙便取代了马鸣溪龙。

腕龙

前肢巨大的恐龙

腕龙是地球上出现过的最大和最重的恐龙之一，它因拥有巨大的前肢和像长颈鹿一样的脖子而闻名，其学名"Brachiosaurus"的含义就是"长臂蜥蜴"。目前，在挖掘出来的有完整骨架的恐龙中，它是最高的。腕龙可以像起重机一样伸长脖子，从四层楼高的大树上扯下树叶，或低头用凿子一样的牙齿撕碎低矮的蕨类植物。

腕龙

X档案

姓名：	腕龙
家族：	蜥脚类
时代：	侏罗纪末期～白垩纪中期
身长：	25米
体重：	30～50吨
分布：	美国科罗拉多州大河谷、犹他州，葡萄牙，坦桑尼亚

腕龙的外形

腕龙的脑袋特别小，因此不太聪明，头顶上的丘状突起物，就是它的鼻子。腕龙的长脖子能够使它够着高处的树梢，吃到其他恐龙无法吃到的树叶，满足它巨大的食量。腕龙走路时四肢着地，前后肢掌部都有五个指（趾），每只前肢中的一个指和每只后肢中的三个趾上都生有爪子。一些腕龙有四层楼那么高，体重相当于五头非洲大象，一个成年人的高度只能够到这种庞然大物的膝盖。

柱状四肢

腕龙如此大的身躯依靠其粗壮的四肢来支撑。它的前肢比后肢要长，肩膀离地大约5.8米，当它抬起头去吃树梢上的叶片时，头部离地面大约有12米，只有前肢比较长才能帮助它支撑起它那细长脖子的重量。所以腕龙的前肢高大，肩部耸起，整个身体沿肩部向后倾斜，这种情况在现在的某些高个动物如长颈鹿的身上还能看到。

腕龙和现代人类的高矮比较。

腕龙粗壮的大腿骨

腕龙的身体内部

腕龙全身的骨骼包括了圆顶的高颅骨、13节颈部脊椎骨、11或12节背部脊椎骨以及由5节尾部脊椎骨愈合相连的臀部。此外，腕龙虽然可以觅食高处的树叶，但有些古生物学家认为它不会让脑袋抬得太久，因为那将造成血液输送困难，除非它有一个巨大、强健的心脏，不断将血液通过其颈部输入它的小脑。一些古生物学家甚至认为它也许有好几个心脏来将血液输遍它庞大的身体。

腕龙应该很难将头部长时间地抬起。

腕龙的生活形态

古生物学家们是通过研究腕龙在上亿年前留下的粪便化石得知腕龙的食量的——它一次所排泄的粪便达1米多高。腕龙有如此大的食量是因为它需要大量的食物来补充它庞大的身体生长和四处活动所需的能量。亚洲大象每天能吃大约150千克的食物，腕龙大约每天能吃1500千克，是其食量的10倍。它们可能每天都成群结队地旅行，在一望无际的大草原上游荡，寻找新鲜树木。

腕龙的长脖子使它能吃到高处的树叶。

不负责任的腕龙妈妈

雌性腕龙是个不太会照顾孩子的母亲，它在产恐龙蛋的时候从来不做窝，再加上腕龙需要不断迁徙寻找新的食物，所以腕龙都是一边走一边生的，于是这些恐龙蛋就形成了长长的一条线。而当小腕龙依靠阳光的温度破壳而出后，雌性腕龙也不会照看自己的孩子。所以说，腕龙妈妈实在是一个不负责任的母亲。

腕龙不会细心关照自己的子女。

腔骨龙

—— 骨头中空的恐龙 ——

X档案	
姓名：	腔骨龙
家族：	兽脚类
时代：	三叠纪末期
身长：	2.5～3米
体重：	27千克
分布：	美国亚利桑那州、新墨西哥州、犹他州

腔骨龙生活在2.25亿年前的北美洲，是一种小型的肉食性恐龙。从外形上看，有点类似现在比较瘦长的大型鸟类。它的后肢强壮，用于行走，而前肢短小，用来攀爬和掠食。腔骨龙的骨头是空心的，所以它的身体非常轻巧。小而多肉的早期草食性恐龙是它的主要捕食对象。

腔骨龙的外形

腔骨龙有着像鹳鸟一样的头部，而且嘴巴尖细，长长的颌部上长着牙齿，这使整个头部显得狭长。颈部呈S形。后肢修长，前肢相对短些，有三个带爪的手指。它的皮肤上可能长有鳞片。腔骨龙体形像鸟，但它与鸟类的最大区别在于：它有牙齿、带爪的掌部和骨质的长尾巴。腔骨龙体态轻盈，能用长长的后肢快速奔跑，奔跑时，它会将前肢收起靠近胸部，尾巴挺起向后以保持平衡。

腔骨龙习惯群居生活。

腔骨龙是早期的兽脚类恐龙。

腔骨龙的生活形态

腔骨龙是一种小型肉食性恐龙。它的骨骼轻巧，行动敏捷，非常适应捕猎生活。一些小型哺乳动物是它的主食之一，但它也可能会袭击那些大型的草食性恐龙。此外，腔骨龙作为早期的肉食性恐龙，其臀部和关节的特殊构造使它能够用后肢站立并保持平衡，再加上行动轻巧，反应机敏，这对它的生存十分有利。腔骨龙只需要很少的水分就可以生存，而且它们常会进行小群体活动，很像今天的野狼。

尾部脊椎

髂骨

背部脊椎

颈部脊椎

下颌

坐骨

股骨

耻骨

肱骨

腔骨龙的骨架

胫骨

腔骨龙的骨架

腔骨龙骨架的有些部分和现代鸟类是相同的。它的骨头相当轻，四肢骨骼的有些部分的中心是空的，而且骨骼为薄壁，几乎像纸一样薄。它的骶骨、骨盆骨骼、踝骨以及蹠骨都愈合在一起。所以和当时其他体重较重的爬行类不一样的是，它的奔跑速度比较快。当其静止站立时，身姿相当笔直，这样，它起跑时可以较容易地跨出更大的步伐。

人们在这具腔骨龙化石的体内发现了一只小腔骨龙。

自相残杀

有人在挖掘一具腔骨龙化石时，在其内发现了一具小型的腔骨龙骨骼。最初，古生物学家认为腔骨龙可能是体内生子。但由于这些骨头过于凌乱，而且体积过大，不可能源自于胚胎，所以现在普遍认为这可能是腔骨龙之间的自相残杀。通常发生的原因可能应归诸于极端压力与食物来源匮乏。当面临长期干旱的时候，腔骨龙便开始同类相残，吃食弱小同类。

腔骨龙的排泄方式

类似腔骨龙这样的早期肉食性恐龙并不需要排尿。这种理论基于现今鸟类和哺乳类的不同。哺乳类透过一种称为尿素的化合物排出含氮的排泄物，这种排泄物有毒，所以需要水稀释，使其毒性淡化。然而，鸟类是以尿酸的形式来排出氮物质，尿酸不像哺乳类的排泄物那样具毒性，所以不需要借由水分排出。既然目前普遍认为鸟类为恐龙的后裔，所以可能早在进化成鸟类前恐龙就已经具备了这种能力。而且，这样的能力显然在干燥的三叠纪时期是非常有利于生存的。所以，古生物学家推测生活在三叠纪时期的腔骨龙和鸟类一样以尿酸的形式排出氮物质。

如今的鸟类和早期肉食性恐龙的排泄方式可能是相同的。

双脊龙

—— 有着谜样头冠的恐龙 ——

双脊龙又名双冠龙，是一种早期的肉食性恐龙，生存于侏罗纪早期。它的身长可达6米，站立时头部离地约2.4米，可以说是一种体形修长的大型恐龙。双脊龙最大的特征便是头顶上长有两片大大的骨冠。由于这种恐龙的遗骸出土的数量相当丰富，因此该恐龙的知名度颇高。

双脊龙

双脊龙的外形

双脊龙的体形与后来许多大型的肉食性恐龙相比，显得十分"苗条"，所以它行动起来也应该比那些后期肉食性恐龙要敏捷得多。双脊龙的头部和颈部都比较短，但却很强壮，它的牙齿都比较长，而且它嘴部的前端特别狭窄，柔软而灵活，这样的构造方便它从矮树丛中或石头缝里将那些细小的动物衔出来吃掉。双脊龙前肢短小，后肢则比较发达，因而善于奔跑。

X档案	
姓名：双脊龙	
家族：兽脚类	
时代：侏罗纪早期	
身长：6米	
体重：500千克	
分布：美国亚利桑那州，中国云南省	

—— 头冠

短小的前肢 ——

双脊龙的身体结构

双脊龙的整个身体骨架极细，它的头上有两块骨脊，呈平行状态。头骨上的眶前窗比眼眶要大。它的下颌骨比较狭长，上下颌都长着尖利的牙齿，不过上颌的牙齿要比下颌的牙齿长。短小的前肢掌部长有四根指头，指头都能弯曲，而它的前三根指上都有利爪，所以双脊龙能够抓握物体。双脊龙的后肢比较长，其中蹠骨就占了很大的比例。它的后肢掌部长着三根朝前的脚趾，趾上都朝前长着十分锐利的爪子。

双脊龙后肢比前肢明显要粗壮。

双冠

双脊龙头上有圆而薄的头冠，其功能说法不一。有的古生物学家认为，其头冠是雄性双脊龙争斗的工具，当雄性双脊龙发生对峙时，头冠较小的一方可能会不战而退，头冠大的胜利者就能在群居中占有地盘，并取得和雌恐龙交配的特权。但据考证，双脊龙的头冠是比较脆弱的，不太可能用于打斗。而有的古生物学家则认为，在双脊龙的头冠外面或许会有艳丽的色彩，就像公鸡的鸡冠一样，是吸引异性的工具。

双脊龙头上的双冠是平行生长的。

双脊龙的生活形态

双脊龙有发达的后肢，并且后肢掌部还长有利爪，因此能够飞速地追逐草食性恐龙，比如全力冲刺追逐小型、稍具防御能力的鸟脚类恐龙，或者体形较大、较为笨重的蜥脚类恐龙，如大椎龙等。双脊龙发现猎物之后，通常会采用三道攻势干净利索地解决掉猎物，这三道攻势分别是：用长牙咬，并同时挥舞脚趾和手指上的利爪去抓紧猎物。

挺直的尾巴

粗壮的后肢

捕捉到猎物的双脊龙

双脊龙的骨架

双脊龙骨骼的发现

第一具双脊龙的骨骼化石是1942年在美国的亚利桑那州的北部发现的。刚发现的时候，古生物学家威尔斯还以为发现了斑龙的遗骸。直到1970年，他才将这次发现的化石命名为双脊龙（Dilophosaurus），意思就是有两个头冠的恐龙。后来，古生物学家在我国云南省也发现了双脊龙的化石。

冰脊龙

—— 生存在南极洲的恐龙 ——

冰脊龙是在南极洲发现的兽脚类恐龙，也是第一种被纪录的南极洲恐龙。当时的南极洲大陆虽然还没漂移到现在南极的位置，气候也比现在温暖得多，但还是具有寒冷的冬天和每年6个月的漫漫长夜，而生活在那里的冰脊龙必须忍受这一切。

我们目前无法得知冰脊龙胖瘦如何。

冰脊龙的外形

冰脊龙是一种习惯两足行走的肉食性恐龙，它的牙齿呈锯齿形，并生有利爪。冰脊龙外形上最大的特征就是它头顶上突出的奇特的骨质结构，有如点缀头顶的小山峰，它的名字也是由此而来。但冰脊龙的体形是胖是瘦，目前还没有定论。现在生活在南极洲的企鹅等生物，都有厚厚的皮下脂肪用以保暖，而侏罗纪时期，同样生活在南极洲的冰脊龙如果皮下也长有厚厚脂肪的话，则可能会影响到其猎食的速度和敏捷程度。

头冠

在冰脊龙眼睛前方，有一角状向上的冠。这个奇特的头冠横在头颅上，冠的两侧还各有两个小角锥。由于头冠很薄，因而古生物学家推测它的头冠应该不具有防御的功能，而是用来在交配季节进行展示，以吸引异性的。

冰脊龙的头上长有其他兽脚类恐龙中难得一见的美丽头冠。

如果这个说法成立的话，那么这个头冠应该有着丰富艳丽的色彩，也许还分布有很密的血管或神经，一旦充血，色彩就更加艳丽。但如果头冠上的颜色仅仅是作为保护色的话，那么就要依据冰脊龙的生存环境来猜测它的颜色了。

冰脊龙

X档案

姓名：	冰脊龙
家族：	兽脚类
时代：	侏罗纪早期
身长：	6米
体重：	300千克
分布：	南极洲

冰脊龙的生活形态

冰脊龙是第一个被发现生活在南极的肉食性恐龙，至于它是只有夏天才会迁徙到这里，还是长年居住于此，古生物学家也没有确定的答案。冰脊龙化石在南极洲被发掘是一项重大的进展，过去人们一直认为恐龙是冷血动物，但生活在南极的冰脊龙的发现则可作为恐龙有可能是温血动物的一个证据。因为它如果要在南极度过长达6个月的冬季，就必须维持足够高的体温以免被冻僵，这就说明冰脊龙有可能是温血动物。

长着大眼睛的丽阿琳龙可能也生活在南极洲。

冰脊龙的生活环境

冰脊龙的化石是1994年由古生物学家哈默·希克森在南极洲发现的。哈默通过检测某些特定岩石的磁化粒子，测得了当地在古生物时代的纬度，他发现那时候的南极洲还没有移到高纬度地区。而通过检测土地结冰时所形成的化石与沉积物结构，则又得知当地在古生物时期已经具有季节性寒冷气候。但是冰脊龙曾生活在南极，这也说明当时的南极较之现在而言，应该有丰富的植被，而且比现在要暖和得多。

冰天雪地的南极洲

冰脊龙的头冠看起来与猫王的发型很像。

冰脊龙的别名

冰脊龙（Cryolophosaurus）的学名意思是"拥有冰冻顶冠的恐龙"，故其又称为冻角龙。而且因为冰脊龙的头冠看起来像鸡冠，所以也有人把它称为"鸡冠龙"。冰脊龙除了这些名字以外，它还有一个别名叫作"埃尔维斯龙"，因为它的头冠看起来很像猫王埃尔维斯·普雷斯利的发型。

斑龙

—— 最早有正式学名的恐龙 ——

斑龙是最早被科学地描述和命名的恐龙。它是一种庞大的动物，站立起来时高达3米。它也是一种残暴地猎食其他动物的野兽，经常利用掌上和足上的利爪对其他动物进行攻击，看起来非常凶残。和扭椎龙一样，斑龙也生存于侏罗纪中期，它的化石在几个国家都有发现，但都不完整。

X档案	
姓名：斑龙	
家族：兽脚类	
时代：侏罗纪中期	
身长：9～12米	
体重：1吨	
分布：英国，法国，摩洛哥	

斑龙

斑龙的外形

斑龙就体形而言，可能比扭椎龙更长也更壮，头部长近1米。它还有厚实的颈部、健壮的短前肢及强而有力的后肢。古生物学家根据发现的斑龙足迹的两足间距推算，认为斑龙的后肢长应将近两米。它的"手指"和"脚趾"上长着尖利的爪，具备了这样的武器，斑龙能够随时攻击大型的食草恐龙。已发现的斑龙遗骸非常破碎，里面可能还混杂着其他兽脚类骨骼的破片。目前为止，还没有发现完整的斑龙骨骼，因此许多细节都只是揣测。

颌部

斑龙的头部很大，其强有力的上下颌中长着弯曲的牙齿，像切牛排的餐刀一样，顶端有锯齿，用于咬食新鲜的猎物。我们对于斑龙颌部的这些了解全来自于第一块出土的斑龙下颌骨化石，其上长着巨大的弯曲牙齿，由此推知斑龙一定长着一个又长又深的大头部。从这个化石上，人们甚至还可以看到旧牙脱落的地方已经有新牙要长出来。

1824年出土的斑龙颌部化石

斑龙的生活形态

依斑龙的走步距离判断，其行进速度约为7千米／小时。但当它发现温和的蜥脚类草食性恐龙，准备掠食猎物时，就会改走为跑，它的脚趾不再朝内弯缩，反而伸张开来，其骨骼、腱与肌肉瞬间发生变化，正是由于这个变化，其后肢及脚趾才能立刻调整，并出现一足置于另一足前方的敏捷跑姿，同时尾巴也会举起来以保持身体平衡。但斑龙的体形不适宜进行长时间的追踪奔跑。

斑龙是典型的大型肉食性恐龙。

斑龙的足迹

人们曾在英国剑桥附近一个灰石坑中发现了许多恐龙足印化石，据推测是由体形巨大的斑龙所留下的足迹。这种恐龙并非是行动迟缓趔趄摇摆的动物，根据解剖结构推断，它竞跑时最高时速将近30千米，应该算得上是一种行动敏捷的动物。起先出现的足迹显示，它的走步姿势略显摇摆，后来出现了顺畅、高速的竞跑足印，好像这只恐龙相准了目标，正追逐某只草食性动物。

斑龙的足迹

斑龙的发现

英国地质学家巴克兰在1824年率先发表了世界上第一篇有关恐龙的科学报告，并报道了一块在采石场采集到的恐龙化石——斑龙的下颌骨化石。巴克兰认为这是一种新型的爬行动物，并将其命名为"斑龙"，而"斑龙"之名的拉丁文原意是"采石场的大蜥蜴"。

一旦斑龙发现目标，其动作就会变得异常敏捷。

扭椎龙

—— 知之甚少的恐龙 ——

扭椎龙这一类大型肉食性动物出现在侏罗纪中晚期，又被称为优椎龙（Eustreptospondylus）。不过，目前人类对这种恐龙的了解仅限于在英国挖掘出的一具化石标本。在它刚被发现的时候，人们还曾一度把它误认为是另一种大型的肉食性恐龙——斑龙。

扭椎龙的外形

扭椎龙的身体比早期具骨板的鸟臀目恐龙要长得多，即使是未成年的扭椎龙身长也和一只狮子差不多。它的身体结构和我们前面介绍过的斑龙类似。它的头很大，长长的上下颌中满是锯齿状的牙齿，最适于撕碎新鲜的猎物。其前肢生有三指，后肢非常粗壮。这种强大的野兽的后肢很长，不仅能支撑身体的重量，还能够轻捷地追赶猎物，腾出来的短而强壮的前肢可用来抓获猎物。

正在搜寻猎物的扭椎龙

扭椎龙的脚

鸟类般的脚

扭椎龙的脚同大多数兽脚类恐龙一样，都是由三根趾头构成，而且整体构造与现代鸟类的脚类似，它的三根蹠骨长度几乎相当。在这三根蹠骨里，中间的那根从上往下逐渐变细。这反映了在兽脚类恐龙的演化过程中，蹠骨在不断地产生变化，到演化出暴龙时，相对应的骨骼已变为一个尖端，而且蹠骨也由三根变成了两根。

X档案	
姓名：	扭椎龙
家族：	兽脚类
时代：	侏罗纪中晚期
身长：	7米
体重：	220千克
分布：	英国牛津郡

扭椎龙的生活形态

扭椎龙是一种大型的肉食性恐龙，它会像我们所了解的狮子等猛兽一样轻易致其他动物于死地。作为一个掠食者，它能积极快速地奔跑，去追逐猎物，而可能成为它猎物的有鲸龙、棱齿龙和剑龙等，因为这些恐龙都和扭椎龙一起生活在侏罗纪中期的英国。但也不排除扭椎龙会是一种食腐动物，当它被肉的味道所吸引时，即使是相邻岛屿上的腐尸，也会吸引它利用尾巴作为平衡舵，从这个岛游到那个岛。

扭椎龙身体的侧面

扭椎龙化石

到目前为止，人们只发现了一具未成年的扭椎龙的骨骼化石。这具化石是19世纪50年代，在牛津乌尔沃哥特附近挖掘出来的。而且，让人疑惑的是，这具化石出现在海洋的沉积物中，这对一种陆地动物而言，是极不寻常的。古生物学家们推测扭椎龙生前可能生活在河岸边，以搁浅的动物腐尸为食，在它死后，被河水冲到了大海中。虽然这具骨骼化石并不十分完整，但它是欧洲迄今为止保存得最好的肉食性恐龙的遗骸。古生物学家通过对这具骨架化石研究推测，扭椎龙的颈部脊椎或许能彻底扭曲，这也正是扭椎龙名字的来源。

牛津

人们在牛津发现了目前唯一的一具扭椎龙化石。

扭椎龙因其弯曲的脊椎骨而得名。

扭椎龙的命名

在恐龙最初被发现的一个多世纪里，它的分类一直很混乱。而在当时的西欧，古生物学家们认为只有斑龙一种大型的肉食性恐龙，所以在扭椎龙被发现时，它被毫无疑问地归到了斑龙一类中。直到1964年，英国化石学家艾利克·沃尔克指出这种恐龙其实并不是斑龙，并给它取了一个新名字——扭椎龙，意为"彻底弯曲的脊椎骨"。

角鼻龙

——— 鼻上长角的恐龙 ———

角鼻龙

角鼻龙的学名"Ceratosaurus"意思是"长角的蜥蜴",这是因为它的鼻子上长着短角。它生活在侏罗纪晚期,是它的家族成员中体形最大,也是最原始的恐龙。角鼻龙与更为进化的对手——异特龙有点类似,都是强健有力、体形较大的掠食者,属于中型肉食恐龙,都有着一般肉食性恐龙共同的特征,例如都长有尖牙、利爪等。

X档案	
姓名:	角鼻龙
家族:	兽脚类
时代:	侏罗纪晚期
身长:	4.6～6米
体重:	1吨
分布:	美国科罗拉多州、犹他州、怀俄明州,坦桑尼亚

角鼻龙的外形

角鼻龙的头部短而厚实,但相对于它的身体而言,显得很巨大,其上下颌长着两排弯曲的尖牙,就像锯刀一样,这也暗示着它是一个恐怖的肉食性恐龙。角鼻龙的前肢短而健壮,掌部还长有四指,指上是弯钩利爪,可能用来抓取物件。它的后肢则很长并且肌肉发达,这说明它习惯依靠后肢两足行走。角鼻龙捕食猎物时非常凶猛残暴,不过它的体重并不算太重。

肋骨

耻骨

角鼻龙的头部

角鼻龙的身体结构

从完整的骨骼结构来看,角鼻龙的头颅是由骨质支柱和薄板所构成的,所以虽然它的头较大,但实际上可能并不是很重。而组成它长长的后肢和尾巴的骨骼应该十分坚实,它的背部还竖有小骨板,骨盆结构也十分特殊,它的尾巴则因骨骼的构造而显得硬直笨重,只有末端能够自由摆动。角鼻龙的这些身体构造都有利于它快速奔跑,其中长尾巴则起了帮助快速转向和平衡头颅重量的作用。

角鼻龙的生活形态

角鼻龙大多生活在侏罗纪晚期的今北美洲西部的蕨类大草原，以及林木茂盛的冲积平原上。由于角鼻龙在猎食时，体形并不能占据多少优势，所以它们一般会选择成群结队地去猎食较大的猎物，只有这样才能使它们在竞争残酷的恐龙世界中一直生存下来。角鼻龙特殊的四肢构造使它们能够突然加速，去追捕那些飞奔逃命的草食性恐龙，当然，偶尔遇到那些年老病弱的大型蜥脚类恐龙，它们也不会放过。

神秘的角和不明突起

提到角鼻龙必然会提到它的角，不过现在还无法确认它的角到底有什么作用，因为长在它鼻子上的这个角比较短小，似乎不能用作防卫或战斗。有些古生物学家就推测，角鼻龙的角可能用于装饰或与其他雄性角鼻龙进行顶撞，从而赢得群体的领导地位。另外，角鼻龙的背脊上，由后脑延伸至背部都有锯齿状的小突起，同样用途未明。对于角鼻龙这种恐龙至今仍有很多谜团未解开，有待更多的研究和探索去揭开真相。

正在搜寻猎物的角鼻龙

坐骨

踝关节

拇趾

尾部脊椎

人字骨

角鼻龙的骨架

对峙和搏斗

角鼻龙是很凶残的恐龙，所以它与对手对峙和搏斗的场面是很血腥的。两只雄角鼻龙在相互对峙中会用头上的角死命顶撞对方。当它遇到猎物或敌人时，还会用自己锋利的牙齿和带钩的利爪击败对方，而它速度上的优势也会体现得很明显。另外，它在对峙和搏斗的过程中，可能还会发出怒吼声，给自己助威。

美颌龙

—————— 体形最小的恐龙 ——————

美颌龙是目前人类所发现的最细小的恐龙，成年的美颌龙站起来也只不过到人的膝盖。它生活在侏罗纪晚期，其骨骼化石最早是在1859年发现的。美颌龙具有像鸟类一样细长的身体、狭窄的头。令人惊奇的是，细小的美颌龙却可能是其生活地区内最大的肉食性动物之一。美颌龙成群捕食食物，能够攻击比自己大得多的动物。

美颌龙

X档案	
姓名：	美颌龙
家族：	兽脚类
时代：	侏罗纪晚期
身长：	0.7～1.4米
体重：	3千克
分布：	德国巴伐利亚州，法国瓦尔省

美颌龙的外形是流线型。

能自由弯曲的颈部

臀部

短小的前肢

脚踝

爪

美颌龙的外形

美颌龙类似现今的鸟类，双眼有着敏锐的视力，能够迅速发现大型昆虫、蜥蜴或鼠类等做出的轻微动作。它具有尖细的头部，颌部长着小而锐利的牙齿，颈部能随意弯曲。它的身躯结实，并且还有较长的尾巴。美颌龙的前肢短而健壮，后肢则较长。如果从上往下看的话，美颌龙就会凸现出头部、颈部、身躯和尾巴连在一起构成的瘦长外貌。这种流线型的外表似乎很适合在浓密的植物丛林中追捕猎物。

美颌龙的生活形态

　　美颌龙栖居在温暖的沙漠、岛屿上，地点相当于今天的德国南部和法国一带，因为小岛上很难有充分的食物来供给更大型的食肉性动物，所以美颌龙极有可能是当地最大的掠食性动物。这种小恐龙修长的体形和长颈，以及用来平衡体重的尾部和鸟状的后肢，使它的行动非常敏捷。它会穿梭在矮树丛间捕食蜥蜴，如巴伐利亚蜥蜴，也可能会猎食始祖鸟。此外，美颌龙很可能也吃腐肉，包括死后被冲上岸的鱼以及其他动物的尸体。

美颌龙逮到猎物后，准备大吃一顿。

美颌龙的头骨

眼眶

平直的下颌

　　美颌龙的头骨长而低平，骨骼构造更是十分精致。它的头骨大半是由细细的骨质支架构成的，支架间有宽宽的缝隙。头骨上最大的开孔是眼眶，两个椭圆形的小开孔则是鼻孔，鼻孔靠近尖状口鼻部的上端。这些空洞的下方有多根骨头交互紧锁成修长的支柱，形成上颌。下颌也很薄，好像随时会断裂。上下颌内则稀疏分布着弯曲的小牙齿，牙齿非常尖锐，这对于比它小的动物来说是致命的武器。

美颌龙的四肢

　　美颌龙的前肢掌部只长有两个指，虽然指上都带有利爪，不过古生物学家经过研究后确认，美颌龙的爪子相当脆弱，并不适合抓取猎物。它的髋部非常浑厚，后肢细长有力，这也是所有行动快速的恐龙的共同特征。它后肢上的股骨较短，而胫骨较长，胫骨下面还有一个延伸加长的脚掌。脚掌上总共长有五根趾头，它在奔跑时以第二、三、四根脚趾承担体重，有短爪的第一根脚趾呈短钉状，第五根趾头则已经退化成蹠骨上的小细条。

美颌龙与鸟类

　　美颌龙的体形很像鸟类，而与它几乎同时，也出现了鸟类的祖先——始祖鸟，这不禁令人怀疑鸟类的"始祖"就是美颌龙。究竟美颌龙是不是鸟类的祖先，现在还无法确定，但目前大部分被证实有羽毛的恐龙的骨骼结构和美颌龙都很相似。加上我们已经发现了同类恐龙身上有覆盖羽毛或毛发的证据，所以美颌龙演化成鸟类的理论还是很有事实依据的。

始祖鸟

异特龙

数量众多的恐龙

异特龙的学名是"Allosaurus"，意思是"与众不同的蜥蜴"。这种邪恶的动物集猛禽与鳄鱼的特性于一身。它是侏罗纪后期活跃于北美洲、非洲等地的主要肉食性恐龙，在目前所发现的该时期恐龙中，异特龙占了1/10。它会猎杀体形中等的蜥脚类恐龙以及生病或受伤的大型蜥脚类恐龙，如雷龙等。

X档案	
姓名：异特龙	
家族：兽脚类	
时代：侏罗纪晚期~白垩纪早期	
身长：5~14米	
体重：1~3吨	
分布：美国，加拿大，墨西哥，非洲，澳大利亚，中国	

异特龙的外形

异特龙是侏罗纪晚期的大型肉食性恐龙。它有一个大脑袋，所以比较聪明，其S形的颈部强壮有力。就体形而言，异特龙虽然比白垩纪末期著名的暴龙略小一号，但是和暴龙相比起来，它具有更粗大，也更适合于猎杀草食性恐龙的短小而强壮的前肢，前肢长有三指，而且指上还长有利爪。后肢高大粗壮，脚掌上长有三只带爪的趾。它的尾巴又粗又长，用以横扫胆敢向它进犯的敌人。

异特龙是侏罗纪时代恐怖的刽子手。

巨大的异特龙头骨化石

异特龙的头部

异特龙的头部很大，头骨长达1米，在它的眼睛上有个鼓起的大肉团。异特龙可以将颌部张得很大，然后再向外扩张，这样有利于撕裂猎物并且吞食大块的肉。它有70颗边缘带锯齿的牙齿，每颗牙齿都像匕首一样尖锐，而且都向后弯曲，正好用于咬开猎物的肉，而且还能防止咀嚼的过程中肉往外掉。如果某个牙齿脱落了或在战斗中断掉了，一个新的牙齿会很快长出来填补这个空缺。

异特龙的生活形态

　　异特龙是最凶残的恐龙之一。它有着强劲的后肢和健壮的尾巴，捕猎时往往成群出击。在那个时期的地层里，古生物学家们发现了一些弯龙的骨骼化石，头骨上有异特龙牙齿留下的深深痕迹，折断的异特龙牙齿也散布在四周，这表明当时曾发生过一场血腥的捕杀。但异特龙也不是什么时候都能捕捉到新鲜活物的，因此，估计它也以被其他肉食类动物吃剩的动物尸体为食。

异特龙的亲戚——气龙

　　气龙生活在侏罗纪中期，属于中等体形的肉食性恐龙，大约3.5米长，高可达2米。古生物学家根据其被挖掘到的头骨化石以及部分躯体骨架复元组装后的结构发现，它的头骨轻盈，牙齿侧扁，呈匕首状，前后缘上有小锯齿，能撕裂生肉，强而有力的前肢上装备有强劲的爪子，可用来抓持小型猎物或者大型动物坚韧的外皮。目前气龙只有一具缺失头骨的不完整骨架，现收藏在中国科学院古脊椎动物研究所里。

一只异特龙正在追逐一只蜥脚类草食性恐龙。

美国科罗拉多州——异特龙曾经生活过的地方

异特龙的化石纪录

　　最早的异特龙化石是1877年在美国科罗拉多州发现的。此后，古生物学家在美国犹他州一个叫作克利夫兰·劳艾德的恐龙挖掘场又发现了60具以上的化石。这些化石中包括了不同年龄、不同大小的异特龙，因此，有的古生物学家认为这可能是异特龙的一次集体死亡。另外，东非和澳大利亚等地区也先后出土了一些异特龙的化石。

嗜鸟龙

—— 精明强悍的掠食恐龙 ——

嗜鸟龙是生活在侏罗纪晚期的一种小型肉食性动物，体重十分轻，习惯两足行走。到目前为止，人们只于1900年在美国怀俄明州发现了一具较为完整的嗜鸟龙骨架。嗜鸟龙就像小型的矮脚马那么大，大的个体身长可能与高个子的人身高相仿，但体重却不超过一只中型狗。

狭长的头部

前肢可抓握

后肢强健有力

嗜鸟龙的身体小巧轻盈。

X档案	
姓名：	嗜鸟龙
家族：	兽脚类
时代：	侏罗纪末期
身长：	2米
体重：	12.5千克
分布：	美国怀俄明州

嗜鸟龙的外形

以前人们对于嗜鸟龙的认识是，它的尾巴拖在地上，显得十分迟钝，而实际上嗜鸟龙是一个精悍的掠食者。它的颈部呈S形，后肢就像鸵鸟一样强韧有力，而且还很长，所以它跑得很快。其前肢也较长，并且可以抓握东西，许多躲在岩缝中的蜥蜴、草丛中的小型哺乳动物以及小恐龙，都逃不过它的魔掌。它上下颌前方的牙齿又长又尖，像把短剑，十分适合咬食猎物。嗜鸟龙鞭子般的尾巴占了身长的一半以上，当它在追赶猎物时，这条尾巴就对其身体起平衡作用。

眼眶　　眶前窗　　骨嵴

鼻孔

嗜鸟龙的头骨　　下颌　　利齿

嗜鸟龙的头骨

嗜鸟龙的头顶上有一个小型的头盖骨，在它的头骨上有大大的眼窝用来容纳眼睛。所以，嗜鸟龙应该具有超常的视觉能力，可以帮助它辨认出奔跑或躲藏在蕨类植物及岩石下面的蜥蜴和小型哺乳动物。而嗜鸟龙眼睛后部的骨骼，则与大型的肉食性恐龙很像。它的口鼻部可能有一个骨质突起。嗜鸟龙下颌骨比较厚，呈圆锥状的牙齿基本集中在颌的前面部分，后面的则为小而弯曲、尖锐且宽扁的牙齿。

嗜鸟龙的前肢

　　嗜鸟龙的前肢较长，而且非常健壮，前肢的指上长着一根短而具利爪的拇指和两根带爪的长指头，这是它抓捕猎物的理想工具。此外，就像我们人类在抓握某些东西时，拇指会向内弯曲一样，嗜鸟龙也可以利用它掌上的第三个小手指向内弯曲，以便帮助它牢牢地抓住扭动挣扎着的猎物。当嗜鸟龙发现猎物时，它会藏起那长着利爪的前肢，一旦猎物靠近，它的爪子会突然伸出来抓住猎物。

嗜鸟龙的前肢上长有能弯曲的手指。

鞭状的尾巴

嗜鸟龙的名字之谜

　　古生物学家在最初为嗜鸟龙取名时，认为嗜鸟龙的速度非常快，完全有能力吃掉像始祖鸟这样的鸟类祖先，而且嗜鸟龙与始祖鸟生活的时代也大致相同，所以给它起了这个名字。但是根据现在所挖掘的化石来看，还无法断定两者是否生活在同一个地区，而且也没有其他证据显示它真的捕捉过始祖鸟。

如果嗜鸟龙生活到现在，鸟类会是它的美食吗？

嗜鸟龙的生活形态

　　一旦嗜鸟龙发现目标时，可能会突然跃起，猛地捕捉住猎物，这一方法适合捕捉早期的鸟类、类似鸟类的恐龙以及翼龙。但它更常吃的也许是当时一些小型的哺乳动物、蜥蜴以及其他小型爬行动物，甚至是孵育中的其他恐龙。一旦嗜鸟龙抓到这些动物，它便会十分迅速地利用自己锋利而弯曲的牙齿收拾掉它们。它既能快速追捕猎物，又能逃避那些因巢穴被掠而狂怒的大恐龙。但也有人猜测：嗜鸟龙可能会专找一些大型的恐龙进行围攻，或者它以吃其他动物的腐尸为生。

嗜鸟龙在遇到危险时，会把头后又长又窄的鳞片竖起来。

鲨齿龙

—— 体形庞大的肉食性恐龙之一 ——

鲨齿龙是生活在白垩纪的一种巨型肉食性恐龙，其学名"Carcharodontosaurus"意思是"长着鲨鱼牙齿的蜥蜴"，它广泛分布于现在非洲北部地区。鲨齿龙是恐龙中最大的三种兽脚类恐龙之一，与暴龙、南方巨兽龙同享盛名。其长相凶猛、性格残暴，它的出现往往会让其他恐龙闻风而逃。

现代鲨鱼

X档案	
姓名：鲨齿龙	
家族：兽脚类	
时代：白垩纪早期	
身长：14米	
体重：7吨	
分布：埃及，摩洛哥，突尼斯，阿尔及利亚，利比亚，尼日尔	

鲨齿龙的大嘴是它最好的武器。

承受身体重量的后肢

用于抓捕猎物的前肢

凶残的鲨齿龙

鲨齿龙的外形

虽然鲨齿龙早在1931年就有了自己的正式学名，但一直到1995年古生物学家才通过在撒哈拉沙漠发现的鲨齿龙头骨化石了解到这种恐龙的真面目。鲨齿龙是到目前为止非洲已发现的最大的恐龙，身体比暴龙还要长，几乎与南方巨兽龙相当。它的头部比暴龙稍长，但脑量不及暴龙，头骨宽度也比较窄。它头部的前端是像鸟一样的嘴，牙齿则像现在的鲨鱼一样，齿形较薄并呈三角形。鲨齿龙的体形非常健壮，可能是当时其生活地区的霸主。

鲨齿龙的骨骼

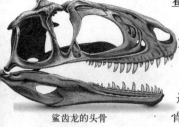

鲨齿龙的头骨

古生物学家保罗·塞里诺于1995年在非洲发现了鲨齿龙的头骨化石，在这个化石上总共有14颗新牙。整个头骨总长为1.63米，比暴龙的头骨还要长10厘米，仅次于南方巨兽龙1.8米长的头骨，但它的大脑只及暴龙的一半大。通过对鲨齿龙头骨的研究，古生物学家还推测，鲨齿龙的股骨约长1.45米，体长为14米左右，高约为7米。

鲨齿龙的生活形态

鲨齿龙是白垩纪早期，活跃在非洲的数一数二的掠食者。捕食时，它会利用庞大的体形，以两只强大的后肢站立，猛力冲撞猎物，鲨齿龙最可怕的武器是它的大嘴，它可能会利用巨大的冲力冲向猎物后，再利用它的嘴巴进行撕咬，猎物很快就会被撕烂。所以如果说南方巨兽龙是史上体形最庞大的陆地肉食性动物的话，那么鲨齿龙就是史上最强悍的陆地生物之一。

鲨齿龙有一个巨大的脑袋。

鲨齿龙的亲戚——南方巨兽龙

南方巨兽龙是肉食性恐龙中的体重冠军。它比后面我们将要介绍的暴龙还要重两吨，但它的身体构造相对较为轻巧，而且爪子也没那么有力。南方巨兽龙的颅骨上可能有冠，头部深厚，前肢很短，但有健壮粗大的后肢。它的香蕉状的脑袋相对身体而言显得比较小巧，嘴巴里长着一口锋利的牙齿，每颗牙有8厘米长。南方巨兽龙习惯两足行走，每只前掌上都长有三根指头，它的尾巴又细又尖，这点类似异特龙。第一具南方巨兽龙化石是在1994年由一个汽车修理工在阿根廷的巴达格尼亚发现的。

南方巨兽龙是史上最重的肉食性恐龙。

意外发现的鲨齿龙化石

鲨齿龙化石的发现纯属偶然，它的出土还得感谢它的近亲——棘龙。在二战期间，保存在慕尼黑巴伐利亚的棘龙化石被炸毁。古生物学家为了了解他们知之甚少的棘龙，开始在世界各地寻找棘龙化石。而1995年，古生物学家保罗·塞里诺在摩洛哥的撒哈拉沙漠找棘龙化石时，却意外地发现了鲨齿龙的头骨化石。

重爪龙

爪子最大的恐龙

重爪龙的学名为"Baryonyx"，意思是"沉重的爪子"，这个名字的由来是因为重爪龙拇指上长着像钩子一样，大得足以致命的爪子。它的头部与鳄鱼十分相似，细长但很有力。因为在其体腔内发现了鱼的鳞片，所以它可能会利用它的巨爪和颌部捕食早期的鱼类。

挺直着脖子的重爪龙

通过现在的鳄鱼，我们可以大致了解重爪龙的模样。

重爪龙的外形

重爪龙与大多数兽脚类不同，它的头部扁长，细窄的上下颌中长着128颗锯齿状的牙齿，窄长的口鼻部有匙状尖端，头形与现代的鳄鱼十分相像。重爪龙的前肢肌肉发达，掌部有三只强有力的手指，特别是拇指，粗壮巨大，并长有一只超过30厘米长的镰刀状钩爪，重爪龙的名称便是由此得来的。它的颈部挺直，肩膀有力，还长着一根细长的尾巴。

X档案

姓名：	重爪龙
家族：	兽脚类
时代：	白垩纪早期
身长：	9米
体重：	2吨
分布：	英国

正在抓鱼的重爪龙

巨爪

重爪龙的爪是迄今为止发现的最大的恐龙爪，1983年沃克发现的重爪龙的爪化石的外侧弧线达31厘米长，如果再加上角质外层的话，估计应该有35厘米长。它那尖锐并且弯曲的大爪有点类似现在捕鱼用的大鱼钩，可以把比较重的鱼钩出水面，由此可看出重爪龙应是以捕鱼为生，并且还是一个捕鱼高手。此外，重爪龙的巨爪也可以用来抓取两栖动物。重爪龙的爪子应该会让它的猎物望而生畏，它可以利用这个爪子轻而易举地抓到它喜欢吃的食物。

令人生畏的大爪子

重爪龙的头部

重爪龙的头骨

从侧面来看重爪龙的头部，它与现代鳄鱼的轮廓十分相似，两者都显得很狭长，重爪龙的头部就长达1.1米。它们嘴巴的前半部分相较于头部其他部位而言显得又圆又宽，颌部很长但很扁平，在上颌处都有一处明显的转折，它们的嘴中都长满了尖锐的牙齿，能够方便地刺入并紧咬住滑溜溜的猎物，这也为重爪龙以鱼为食提供了证据。

重爪龙的生活形态

重爪龙可能与其他肉食性恐龙不同，它是以鱼为主食的恐龙，因为在它胃部的地方发现了超过1米的鱼的残骸。也许还有别的恐龙也像它一样吃鱼，但我们还没有找到确实的证据。重爪龙的牙齿和上、下颌与鳄类极为相似。非常有可能的是，它生活在水边，或者潜入浅水中，用它可怕的利爪来捕食鱼类，就像现在的灰熊一样。重爪龙在抓到鱼后，就用嘴叼住，然后带到蕨树丛中去慢慢享用。

现在灰熊的生活习性与重爪龙相似。

威廉·沃克和他发现的重爪龙的大爪化石

重爪龙的大爪化石

1983年，英国一个业余收藏家威廉·沃克在英国的萨里尼日地区发现了一个恐龙爪化石。当他发现这个化石时，他被这个巨大的爪子吓了一跳，整个爪子就像一把镰刀，而尖端则如利剑。他的这个发现对古生物学家了解重爪龙是一个巨大的突破，所以古生物学家为了纪念他，便把重爪龙又称为"沃克氏重爪龙"。

恐爪龙

—— 高度武装的恐龙 ——

在1964年，古生物学家在美国蒙大拿州发现了一种被岩石尘封了一亿多年的怪兽。这种怪兽就是恐爪龙(Deinonychus)，其学名含义是"恐怖的爪子"。

它被认为是最不寻常的掠食者。它的动作非常敏捷，脑容量又大，再加上前后肢均长有非常尖锐的爪子，因此是一种很具有危险性的肉食性恐龙。

恐爪龙的外形

恐爪龙是一种极具杀伤力的中小型恐龙，全身上下长着多种利器：头部较大，上下颌很有力，嘴里那带锯齿的牙齿就像是一把把利刃；前肢细长，掌上有三个带着尖长爪子的指，而且这些爪子非常灵活，便于抓握；后肢的掌上长有四趾，它常以较长的第三根和第四根趾头着地，以支撑身体的重量，而第二趾上的爪子则号称为"恐怖之爪"。除了这些以外，恐爪龙还有一双大眼睛和一条强壮硬挺的尾巴。

恐爪龙能快速敏捷地扑向猎物。

"恐怖之爪"

恐爪龙后肢掌上的第二趾可以上下弯曲。

恐爪龙的"恐怖之爪"长在它后肢掌上的第二趾上，长约12厘米，就像一把镰刀一样，是恐爪龙捕杀猎物的重要武器。它的这个利爪连接韧带，可以调整角度，使它在进行攻击时，能将趾头以最大的弧度向下或向前戳向猎物。这个利爪使恐爪龙成为恐龙时代最厉害的爪子杀手。而恐爪龙在行走或奔跑过程中，则会把第二趾缩起来，这样就可以避免爪子因不断摩擦地面而变钝。

恐爪龙能快速敏捷地扑向猎物。

恐爪龙的亲戚——迅掠龙

迅掠龙和恐爪龙很像，但是头较细长，生活在白垩纪晚期。2001年，美国和中国的科学家合作研究证明，这种恐龙和鸟类有着密切的血缘关系。它可能像鸟类一样全身覆盖着羽毛，用来保湿防热，头部和前肢还长出了颜色亮丽的长羽毛。迅掠龙也像恐爪龙一样凶猛，从在蒙古挖掘出来的一具迅掠龙化石可以看出，它是在一场与原角龙的生死战争中死去的。它长长的前肢插入敌人的头颅，其中一个镰刀状的爪子留在了原角龙的体内。

恐爪龙的生活形态

恐爪龙是肉食性恐龙，它吃任何它可以捕杀并撕裂的动物。它的体重较轻，因而行动比异特龙等巨型肉食性恐龙更灵活。在一个化石区挖掘出的四具恐爪龙化石和一具腱龙化石证明，恐爪龙会选择集体狩猎，去猎食体形要比它大得多的恐龙。一群恐爪龙可能会突然一跃而起，一起扑向猎物，在猎物身上划出一道又一道伤口，使猎物因失血过多而死，然后它们再一起享受这些美食。

恐爪龙会用可怕的利爪割开猎物的腹部。

恐爪龙身体的各个部分都可以作为进攻的武器。

恐爪龙的捕杀本领

恐爪龙有一套独特的捕杀本领：它会跳跃起来攻击猎物，用前肢抓住猎物，其中一只脚着地，以平衡身体，另一只脚则举起镰刀般的爪子踢向猎物，在猎物身上留下深深的伤口，进而很容易将猎物开膛破肚，而它的尾巴在它扑向猎物时，会通过左右摇摆来平衡身体的剧烈活动。

尾羽龙

长有羽毛的恐龙

尾羽龙是兽脚类恐龙中的一个异类。

在我国辽宁西部地区，古生物学家们找到了很多长着羽毛的恐龙的化石，尾羽龙就是其中很重要的一种。它是第一种真正意义上的与现代鸟类相似的带羽毛的恐龙。尾羽龙化石的发现为古生物学家研究鸟类起源和恐龙与鸟类的关系提供了非常重要的信息。

绒羽起到保暖的作用。

喙部较短。

前肢上长有指爪是它不属于鸟类的一个证据。

尾羽龙

尾羽龙的外形

尾羽龙是一种杂食性恐龙，但它同时又具备了鸟类的特征，其外形看起来就像一只火鸡。尾羽龙的头部及喙部都很短，前肢的长度比一般的兽脚类恐龙短。尾羽龙的尾巴也不长，它的尾椎骨在所有已知恐龙中是最短的。更与众不同的是，它的体表覆盖着羽毛，这些特征使不少古生物学家认为它属于鸟类。不过它的前肢掌上长有三指，且指端都有短爪，它的骨骼以及牙齿也都具有恐龙的典型特征，这些都证明尾羽龙是兽脚类恐龙。

X档案

姓名：	尾羽龙
家族：	兽脚类
时代：	白垩纪早期
身长：	70厘米
体重：	不详
分布：	中国辽宁省

尾羽龙用绒
羽来保暖。

尾部脊椎骨很短，
其上覆有羽毛。

羽毛

　　尾羽龙的羽毛可以分为长羽毛和短绒羽两种，长羽毛分布在它的前肢、掌部和尾部，而短绒羽则覆盖着它的躯干。这些羽毛不能帮助尾羽龙飞行，而只是用来保暖或吸引配偶，因此，尾羽龙的羽毛颜色可能非常鲜艳。同时这也向我们表明，羽毛不能再作为鉴定鸟类的标准，因为羽毛出现在鸟类出现之前，长羽毛的动物未必是鸟类。以后如果我们发现长羽毛的动物化石，必须仔细观察并根据它的骨骼形态进行判断。

中华鸟龙

　　中华鸟龙浑身长满绒状细毛，可能是鸟类起源和演化的祖先之一，但它还不是鸟类，而是属于兽脚类的恐龙。中华鸟龙拥有一个大头颅，体形大小与鸡相近，前肢短小，后肢长而粗壮。其嘴里长有锐利的牙齿，这说明它是一只活跃的掠食者。而且它那条由多达58节尾椎骨所组成的特长尾巴，是它属于恐龙的一个重要依据。中华鸟龙的化石是1996年在我国辽宁西部发现的。

中华鸟龙的羽毛

尾羽龙是一种与鸟类关
系密切的恐龙。

小盗龙

　　小盗龙是目前发现的第六种长着羽毛的恐龙，在它之前发现的依次有：中华鸟龙、原始祖鸟、尾羽龙、北票龙和千禧中国鸟龙。小盗龙的体形和始祖鸟相仿，体长不足40厘米。根据它后肢的特征得知，它可能栖息在树上，而且可以在林间自在滑翔。小盗龙具体分为两种：赵氏小盗龙和顾氏小盗龙。其中赵氏小盗龙的发现大力地支持了鸟类飞行的"树栖起源"假说，也显示"鸟类起源于恐龙"假说和"鸟类飞行的树栖起源"假说之间，并不互相矛盾或对立。

扑朔迷离的关系

　　有的古生物学家认为，尾羽龙由某种丧失飞行能力的鸟类进化而来，所以它的羽毛也是进化的，而不属于原始羽毛类型。而有的古生物学家则认为，尾羽龙的喙部、尾骨和髋骨部位等特征暗示它与窃蛋龙有着亲缘关系，它不属于鸟类，而是一种非鸟类的恐龙，它的羽毛与鸟类的羽毛起源没有直接的联系。但是，它与鸟类的关系应当还是非常密切的。

镰刀龙

——— 爪子最长的恐龙 ———

镰刀龙长相非常奇特，是恐龙世界中的"四不像"，它与我们所了解的一般兽脚类恐龙不太相同。古生物学家认为，镰刀龙是肉食性恐龙中一种特化的类群，可能以植物为食，镰刀龙类所具有的一系列异化特征可能都是趋同演化的结果。

尾部脊椎

小头

长颈

利爪

前肢

镰刀龙具有像镰刀一样的爪子。

镰刀龙的外形

目前出土的镰刀龙骨骼并不完整，古生物学家们只能依据与它有亲缘关系的其他恐龙对其进行比较和推测。他们认为镰刀龙是一种行动缓慢的大型两足行走恐龙，它的头部比较小，双颌较为狭长，口中无齿，颈部又长又直，臀部相对宽厚。前肢很长，指上有锋利的爪子，同时还有粗壮的后肢，宽大的脚趾上也长着爪子。尾巴较短而且僵直，这是因为在它的尾骨上长着被称为骨棒的支撑物。镰刀龙的身上可能还覆盖着原始羽毛。

镰刀龙的前肢

古生物学家在蒙古发现了一个巨大的镰刀龙前肢化石，以及一些爪子化石。这只镰刀龙的前肢大约长2.5米，在它的掌部有三根延伸加长的指爪，其中最长的指爪就有75厘米长，相当于一个成年人手臂的长度，形状就像用来除杂草的长柄大镰刀。另两根则相对要短一些。这三根指爪两侧扁平，由下向上逐渐弯曲，形成狭长指尖。这些指尖如此之长，以至于镰刀龙在四肢着地时，只能依靠指关节支撑。

镰刀龙的大爪

镰刀龙的骨架

颈部脊椎

背部脊椎

髋骨

镰刀龙的生活形态

镰刀龙习惯两足行走，在行走时，它用两条较长的后肢缓步前进。而在找寻食物时，它可能会以臀部着地，坐在地上。镰刀龙的臀部比典型的兽脚类恐龙要宽，并且它的尾部能帮它支撑起身体的重量。坐在地上后，它会伸长脖子去啃咬树木，或者直接用前肢把树枝拉到嘴边进行食用。而当它遇到肉食性恐龙的时候，虽然它长长的爪子不能用于撕裂，但是可以用来吓退对方。

镰刀龙正在啃食叶子。

脖子最长的镰刀龙

1999年8月，中国古生物学家张晓虹、谭琳等人在内蒙古自治区二连盆地境内发现了一具小型镰刀龙骨架化石，这只恐龙至少有14个颈椎，脖子大约有0.7米长，相较于身体而言，是在目前已知镰刀龙类中脖颈最长的。它大约生活在距今8000多万年前，体长2米，高不超过1米，长着狭长的脑袋，还拥有带钩的爪子、尖细的牙齿和瘦长的尾巴。

镰刀龙的亲戚——北票龙

北票龙是1996年在中国辽宁省西部的北票市发现的，因而得名。它的生存年代要比镰刀龙久远得多，自然也就比较原始。在北票龙出土时，最令人振奋的发现就是北票龙有着细丝状皮肤衍生物，即原始羽毛。这项发现改变了传统的恐龙形象，表明可能有很多恐龙并不是身披鳞片，而是满身长着一种形态较为原始的羽毛。相应地，这些恐龙在生理上也不同于典型的冷血爬行动物，它们可能具有很高的新陈代谢率。

北票龙

棘龙

——— 背上长帆的恐龙 ———

棘龙是生活于非洲的一种巨型肉食性恐龙，也是一种非常奇特的恐龙。由于目前发现的棘龙化石极少，所以我们从棘龙化石中可以得到的数据仍非常有限，因此这种体形跟暴龙不相上下的肉食性恐龙很少现身于大屏幕上和文学作品中，难以为大众所了解。

棘龙最大的特征就是背上长有长长的骨板。

棘龙的外形

和暴龙一样巨大的棘龙是非洲特有的恐龙。它虽然不如暴龙有名气，但是从其体形和满口利牙来看，它应该是一种和暴龙一样可怕的肉食性动物。它的长相非常奇特，全长15米，臀部高约2.7米，长着一个硕大的脑袋，大嘴里有着一口锋利的牙齿。它的背部有很多骨质突起，其上有表皮覆盖，看起来就像小船上扬着的帆。棘龙的前肢比后肢要短小很多，因而非常肯定的是，它比较习惯两足行走。

背帆中可能含有神经棘。

前肢比后肢要短小得多。

棘龙主要依靠后肢行走。

棘龙的体形几乎与暴龙差不多。

X档案	
姓名：	棘龙
家族：	兽脚类
时代：	白垩纪中期
身长：	15米
体重：	4吨
分布：	埃及，摩洛哥，突尼斯

背帆

棘龙在外观上的最大特征就是其背部上的那片帆状背板。这张背帆由一组长长的脊柱支撑，每根脊柱都是从脊骨上直挺挺地长出来的，这使得这张帆完全不能收拢或折叠。对这张背帆的用途，目前主要有以下几种说法：有人认为背帆主要起散热的作用；有人则认为背帆就像骆驼的驼峰，用来储存脂肪和水分，在干旱的日子里维持生存；也有人认为背帆可能颜色比较鲜艳，是棘龙的求偶工具，就像今天的孔雀的尾巴。

棘龙的背帆也许就像雄孔雀的尾巴一样是用来吸引异性的。

棘龙的亲戚——激龙

和棘龙血缘关系很近的激龙的化石发现于巴西。1996年，古生物学家在巴西北部发现了迄今为止保存得最完整的激龙头骨。它的头骨由后往前显著变窄，尤其是鼻骨部特别伸长。其颌部的牙齿相当直，只有一个略为弯曲，所有牙齿都带有薄而有沟的牙釉质，有着明显的平滑的啮切缘。这一牙齿构造与棘龙的牙齿构造非常接近。

棘龙以鱼为食。

棘龙可能会让背帆面对太阳吸收热量。

散热说

目前，最为人们所接受的棘龙背帆用途理论便是散热说。棘龙可能在早晨太阳升起时，让背帆面向太阳方向吸收热量，使血液暖和起来，保持可以用来活动的能量，这对它的生存是有利的，因为如果当时的动物基本都是冷血动物的话，那么棘龙的猎物还处在冰冷迟缓的状态时，棘龙就已经准备出击了，它极容易捕捉到猎物。而等到白天很热的时候，它可能躲在树阴下或者直接面向太阳，通过减小背帆的受热面积来调节体温。此外，背帆里面的微血管会帮助把身体里面多余的热量散发出来。

食肉牛龙

—— 头上长角的肉食性恐龙 ——

食肉牛龙是一种奇特的肉食性恐龙，与其他兽脚类恐龙比较而言，它的头部较厚较短，而且非常像牛头。最特别的是，它的眼睛上方有翼状的尖角。其他显著的特征还包括：小而面朝前方的眼睛、具有翼状突起的脊椎骨、短小的前肢以及背部两侧数排突起的鳞片。

食肉牛龙看上去像一头公牛。

X档案	
姓名：	食肉牛龙
家族：	兽脚类
时代：	白垩纪晚期
身长：	7米
体重：	1吨
分布：	南美洲

食肉牛龙的外形

食肉牛龙的头部较短且厚实，上下颌长满了像剔肉刀一样的锋利牙齿，深厚的口鼻部显示它可能具有大型的鼻部器官和敏锐的嗅觉。食肉牛龙的眼睛上方还长有一对短角。它的身长大约相当于两辆小轿车相接的长度。和身长比起来，食肉牛龙的前肢就显得很短小，但它却有两条长而强壮的后肢。它长长的脊柱上有翼状凸起。食肉牛龙还有一条长而矫健的尾巴，这条尾巴能帮助它保持平衡。

颈部脊椎

背部脊椎

髂骨

肋骨

股骨

坐骨

尖角和前肢

食肉牛龙最明显的特征就是它头上的一对尖角，这对尖角生在它眼睛的上方，形状像翼。古生物学家们目前还确定不了这对尖角的用途，因为这对尖角看起来既不够大，也不够硬，不太可能被当作武器来攻击敌人。所以，古生物学家们猜想，这对角也许是随着发育成熟而长的，标志着食肉牛龙已经成年，具有了生育能力。此外，食肉牛龙的前肢小得可怜，掌上有四指，其对食肉牛龙的生活可能根本不起什么作用。

蹠骨

食肉牛龙的骨架

食肉牛龙头上尖角的作用令人费解。

食肉牛龙的生活形态

食肉牛龙可能会猎杀鸟脚类恐龙作为食物。它那两条长而强壮的后肢使它比其他一些大型肉食性恐龙要灵敏得多。它可以迅速扑向猎物，在猎物还没反应过来时将它们抓获。而它的尾巴在它的头伸向前方，捕获挣扎的猎物时，能起到平衡作用。如果没有尾巴的话，食肉牛龙是无法进行高速运动的。此外，手臂短小的食肉牛龙除了会袭击猎物，也可能会犯懒去吃动物的腐尸。

虽然食肉牛龙没有特别大的颌部，但它也可能会捕食大型恐龙。

食肉牛龙的皮肤上覆盖着密密麻麻的鳞片。

尾部脊椎

食肉牛龙的皮肤

目前，古生物学家们已经找到了食肉牛龙的皮肤印痕化石，这些印痕都保存得较好，这就使我们对食肉牛龙的长相有了更进一步的了解。从这些化石来看，我们可以得知，食肉牛龙身上覆盖着数以千计、互不重叠的鳞片，这些鳞片成圆盘状，大小、形状十分相似，比这些鳞片大得多的半圆锥形的鳞片则排列在背部的两侧。

食肉牛龙的亲戚——阿贝力龙和奥卡龙

阿贝力龙是白垩纪晚期的一种肉食性恐龙，它最初是在阿根廷被发现的。虽然阿贝力龙在外形上与食肉牛龙不太相同，既没有像食肉牛龙那样的尖角，颈部相对食肉牛龙也较长，而且还有个钩鼻，但其骨骼的细部特征却证明阿贝力龙和食肉牛龙有着血缘关系。而奥卡龙则是根据1999年在阿根廷发现的一具几乎完整的化石命名的，这一食肉牛龙的近亲的最独特之处是其头部有非角状的肿块。

虽然有成年恐龙护卫，但巢穴中的小萨尔塔龙仍难逃奥卡龙的猎食。

慢龙

——行动缓慢的恐龙——

慢龙是一种非常奇特的两足行走的恐龙，目前被归入兽脚类，但它同时又具有原蜥脚类和鸟臀目的特征，有一部分古生物学家倾向于将它独立列为一个目。现今发现的慢龙大都生活在白垩纪晚期的蒙古地区，只有在我国广州南雄发现的南雄龙是个例外。

慢龙

X档案

姓名：	慢龙
家族：	兽脚类
时代：	白垩纪晚期
身长：	6米
体重：	不详
分布：	蒙古南戈壁省、东戈壁省，中国广东省

慢龙的骨盆

一直以来，古生物学家都认为慢龙是一种兽脚类恐龙。但随着研究的不断深入，他们却对这种恐龙感到越来越疑惑，尤其是慢龙骨盆化石的出现，更让他们对慢龙的分类产生了疑问。慢龙骨盆上的髂骨即肠骨很低平，前方的骨突发育良好并向外伸出，耻骨呈直线型，外缘很厚并斜向后方与坐骨挨在一起，这些特征和鸟臀目恐龙相同，而大部分蜥臀目恐龙的耻骨都是斜向前方或向下的。

慢龙的外形

慢龙的头和身体相比起来显得颇小，而且显得非常狭窄，它的脸颊比较宽大，进食时可避免食物漏出来，其两颊还有多肉的颊囊。慢龙的前肢肌肉发达但较短，掌上有三指，指端是弯钩状的大爪；后肢粗壮，脚板宽厚，足部可能长有蹼，掌部有四根带爪的趾头。

古生物学家争议颇多的慢龙

慢龙的骨盆

鸟臀目恐龙的骨盆

慢龙的生活形态

　　慢龙四肢的骨骼表明它行动时的动作相当缓慢，也许最多只能快速行走或者是慢跑。因为慢龙的股骨比胫骨要长，而且脚掌部又短又宽，所以它根本无法像大部分兽脚类恐龙那样追逐并捕捉活的猎物。而且，古生物学家现在都无法确定慢龙究竟以什么为食。因为它的嘴巴前方没有牙齿，这与某些草食性动物的特征相同，但是它的颊齿却又相当的锋利，能够切割食物，这点与其他肉食性恐龙是一样的。

有些古生物学家认为慢龙脚掌上可能有蹼。

南雄龙

慢龙的代表——南雄龙

　　南雄龙是在蒙古以外地区发现的唯一慢龙类代表，其化石是在我国广州的南雄盆地出土的。当时发现的南雄龙化石包括了11节颈椎、10节脊椎、5块骶骨以及第一节尾椎，而且同时还发现了一个骨盆化石。古生物学家正是依据它的骨盆构造而把它归入慢龙类的。通过对其化石的分析研究可以得知，南雄龙的颈部相对较短，而且颈部脊椎骨的构造比较奇特，背部的神经棘低平而又宽阔。

白蚁、鱼和植物，慢龙会选择哪一样呢？

慢龙的食性

　　关于慢龙的食性，古生物学家们众说纷纭。有的认为，慢龙以蚁为食，它有力的前肢和长长的爪子可以轻易地挖开蚁巢取食；有的认为，慢龙在水中捕食，因为人们曾在慢龙化石附近发现一串具蹼的四趾脚印，这可能是生活在水域附近的慢龙留下的；还有的认为慢龙吃植物，而且它耻骨向后，使它的腹部有更大的空间来容纳消化植物所需的很长的肠子。

暴龙

————恐怖的恐龙之王————

暴龙是活跃在白垩纪时期的今北美地区的肉食性恐龙的代表，也是最后才灭绝的恐龙类群。成年暴龙的体重与非洲大象相当，身高差不多有现在两层楼高。暴龙的身体结构极为怪异，它的整个身体就像是为攻击而设计的，就连细得与身体很不成比例的前肢或许也是它的武器。

暴龙

X档案

姓名：	暴龙
家族：	兽脚类
时代：	白垩纪末期
身长：	12米
体重：	6～7吨
分布：	加拿大艾伯塔省，美国新墨西哥州、蒙大拿州、科罗拉多州、怀俄明州

暴龙的外形

暴龙的整个外形极为怪异，身躯庞大而前肢非常短小，它的前肢和人的手臂差不多。这可能是因为暴龙只用嘴捕猎，绝少使用前肢，故而慢慢地主要靠后肢站立，前肢则变短变小，退化成为武器。此外，暴龙的头部长而窄，两颊肌肉发达，大嘴里大约有60颗利齿。它的颈部短粗，身躯结实，后肢强健粗壮，尾巴可以向后挺直以平衡身体。

暴龙集中精神冲向猎物。

暴龙的头部

从暴龙的头骨形状来看，其上颌宽下颌窄，咬合的时候上下颌牙施加的力不完全相等，有利于咬断骨骼。它的头是所有恐龙中最大又最有力的，张开的血盆大口更是吓人，里面生着两排向内弯曲的锐利牙齿，一旦被咬住，即使是有着坚韧骨质甲胄的大型恐龙也会承受不住。抓到猎物后，这种可怕的肉食性动物会用长着军刀般利齿的巨颌，狠狠地一口咬死猎物，接着扭转强壮的颈部，将肉块撕扯下来。

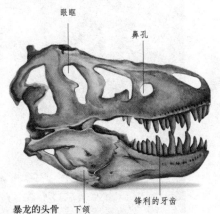

眼眶

鼻孔

暴龙的头骨　　下颌　　锋利的牙齿

巨大的头颅

强健的尾巴

粗壮的后肢

短小的前肢

霸王龙属于暴龙类恐龙。

暴龙家族

生活于侏罗纪中期约1.65亿年前的匿名髂鳄龙可能是已知最早的暴龙类成员。匿名髂鳄龙发掘于英国，其化石资料只有一对髂骨，因其形状与鳄类髂骨类似而得名。而暴龙家族中最有名的一种恐龙莫过于霸王龙了，它是体形最庞大的暴龙，行走时巨大的后肢踩着地面，发出沉闷的声音，头部往前伸，似乎随时准备冲向猎物，背部和尾部则呈水平状态。特暴龙是在亚洲发现的最大的肉食恐龙。它与霸王龙十分相近，但身体要略瘦一些。特暴龙是十分强悍的肉食动物，与它同时代同地区的恐龙都要惧它三分。像其他的暴龙科恐龙一样，特暴龙的嗅觉十分灵敏，有助于它发现猎物或已死去的恐龙。

暴龙的生活习性

长期以来，古生物学家们一直对暴龙是掠食者还是腐食者存在争议。一个美国研究小组公布了他们关于暴龙运动的研究成果，认为暴龙的生理结构决定了它们不能快速奔跑，只能以18～40千米/小时的速度行走，所以暴龙应是以其他动物的死尸为食物。而持暴龙是掠食者观点的研究者认为暴龙的听觉非常灵敏而且特殊，它的双颌、牙齿甚至前肢都能作为进攻武器，所以暴龙应是积极的掠食者。

捕捉到求爱食物的暴龙。

暴龙是恐龙时代当之无愧的霸王。

暴龙的求偶方式

雄暴龙在求偶之前，会捕捉猎物作为求爱食物向雌暴龙要求交配。这是因为在雌暴龙将要筑巢孵蛋的情形之下，它需要吃饱以维持最佳状态来产卵。雄暴龙也可以以此来吸引雌暴龙。还有更重要的一个原因就是，雌暴龙的体形比雄暴龙大，所以雄暴龙为避免被雌暴龙当作食物吃掉而不得不使雌暴龙维持在吃饱的状态。

第三章　鸟臀目恐龙

　　鸟臀目恐龙是除蜥臀目外的另一类恐龙，它的骨盆结构与现代鸟类相似，其耻骨朝向后面，与坐骨平行，从侧面看呈四射形状。鸟臀目恐龙又可细分为6大类：鸟脚类、鸭嘴龙类、剑龙类、甲龙类、角龙类和肿头龙类。其中，鸟脚类是鸟臀目中乃至整个恐龙大类中化石最多的一个类群；鸭嘴龙类，顾名思义，有着一个像鸭子一样的喙部；剑龙类的背部都具有直立的骨板；甲龙类则全身披有骨质甲胄；角龙类的头骨后部则有颈盾；而肿头龙类则一般头骨肿厚。这些恐龙一般都是草食性动物，最早出现在侏罗纪早期，到白垩纪时期，它们的数目日渐增多，成了当时鼎盛一时的食草大军。

莱索托龙

—— 有快跑能手之称的恐龙 ——

莱索托龙是一种体形不大、貌似蜥蜴、生活在非洲和美洲半沙漠地区的鸟脚类恐龙。这种恐龙体形轻巧，后肢修长而有力，奔跑起来速度很快，因而得到了"快跑能手"的称号。它的骨骼坚实，尾巴总是挺得很直，全身的平衡点落在臀部，这是以两足行走的草食性恐龙的基本身体结构。

莱索托龙的奔跑速度非常快。

莱索托龙

莱索托龙的外形

莱索托龙的身体只有小羊一般大，它的脑袋很小，脸颊上的肉很多，脖子比较细，后肢非常长，大腿部分粗短健壮，小腿部分细长而具有较好的弹跳力。它的前肢较短，而且十分强壮，并有能够抓握的手部，强健有力。强壮而有特点的后肢使莱索托龙获得了"快跑能手"的称号。另外，它的腹部比较宽大，尾巴又细又长。从外表看，莱索托龙很像蜥蜴，尤其是从正面看，它简直就是一只以后肢行走的特大号蜥蜴。不过，虽然莱索托龙的个头在恐龙中并不大，但由于它身体结构上表现出的良好平衡性保证了它具有动作敏捷的特点，因而它依然能够在资源有限而又时刻潜伏着捕食者危机的环境里很好地生活着。

股骨

莱索托龙的股骨，也即大腿骨非常特别，在细节上有着其他恐龙所没有的特征，比如它的股骨顶端向里弯转的部分没有颈子；股骨的那些转节（也即腿部肌肉附着的地方）中，以第四个转节最为特殊；另外，位于股骨的末端，与膝盖相连的部分，其在侧边的部分要比在中间的大一些。当然从大的方面而言，莱索托龙的股骨与其他鸟脚类恐龙的股骨还是比较接近的。

第四个转节

股骨顶端

莱索托龙的股骨

莱索托龙的生活形态

莱索托龙习惯生活在多沙的半沙漠化地区，尤其是多沙的灌木丛中，这一点与早期小型的鸟脚类恐龙——异齿龙非常相似，因此这两种恐龙在同一地区同时出现的可能性非常大。因为极其缺乏自卫的能力，莱索托龙像其他鸟脚类恐龙一样，总是以群体的方式和同伴们生活在一起，以便保护自己免遭肉食性恐龙的袭击。而一旦危险出现了，那么它躲避攻击、保住性命的唯一办法就是迅速逃离。

莱索托龙有很好的弹跳力。

现在许多鸟类也像莱索托龙那样在进食时还紧张地观察四周。

莱索托龙的原名

1978年，美国古生物学家高尔顿发现了一具恐龙骨骼化石，他把这种恐龙命名为莱索托龙（Lesothosaurus），但后来很多古生物学家都认为这具骨骼化石与1964年被命名为法布龙（Fabrosaurus）的那种化石是完全相同的。如果情况属实，那么莱索托龙就该改名为法布龙。

莱索托龙的进食方式

莱索托龙一般以低矮灌木植物上的叶子和嫩枝为食，在进食时往往四肢着地。它的嘴边覆盖着一层角质，其作用是把植物快速地剪切下来，然后，嘴里那些形状不一的牙齿再对这些到口的食物进行处理。莱索托龙颌骨两边的牙齿是箭头形的，很适合用来咬住食物。不过它没有异齿龙那么有效率的颌部，其颌部只能上下运动，而不能转动，从而使牙齿将食物磨碎。它在进食时，会不时抬起头来张望四周，以便及时发现敌踪，成功逃跑。

法布龙

异齿龙

—— 有三种不同类型牙齿的恐龙 ——

异齿龙是一种行动敏捷、奔跑速度比较快的两足行走恐龙，它属于草食性恐龙。它的学名"Heterodontosaurus"意思为"有不同牙齿的蜥蜴"，即指它拥有三种不同的牙齿，有些用来咀嚼食物，有些则用来刺伤敌人。它也是最早出现、体形最小的鸟脚类恐龙之一，习惯在南非多沙的灌木丛中寻找能吃的植物。

X档案	
姓名：	异齿龙
家族：	鸟脚类
时代：	侏罗纪早期
身长：	1.2米
体重：	2.5千克
分布：	南非开普敦、莱索托奎星

体内可能有大型肠道。

异齿龙可能会通过舔舐来清洁爪子。

足部很长

异齿龙的外形

异齿龙的体形相当小，身体大概和大的火鸡一般大。它前肢的肌肉非常发达，能够紧握的掌上长着五根指，前三根指都比较长，而且还有钝爪，十分灵活，能够用来挖掘一些汁液丰富的植物根来吃，第四和第五根手指则又短又小。另外，异齿龙肩膀、前肢腕部和掌部的关节非常粗硬，也显示出它能够挖开沙土或扒开白蚁的巢穴以寻找食物。而它的后肢掌部长有三根朝前的长趾头，后肢的下段、脚踝和蹠骨都愈合在一起。

异齿龙和今天的火鸡的大小比较

牙齿

异齿龙最大的特点就是在它的口中生有三种不同类型的牙齿：第一种是它上颌最前端的上前齿，小而尖锐，与下颌的无齿角质嘴喙相对应，用来咬住树叶；第二种是它上颌前部的类似犬齿的獠牙，与下颌的牙齿相对，用来当作武器使用；第三种是颊齿，异齿龙两颊的牙齿的齿冠边缘呈凿子状，排列得非常紧密，用于咀嚼磨碎食物。不过，人们在已出土的有些异齿龙身上没有发现獠牙，所以古生物学家猜测可能只有雄性的异齿龙才有这种牙齿。

从这幅图中，我们可以明显地看出异齿龙的三种牙齿。

上前齿

獠牙　　　颊齿

异齿龙的生活形态

异齿龙的活动范围相当大，为了寻找食物，它几乎走遍了其生存的广大半沙漠化地区。它主要以地表或灌木丛中的植物为食物，通常最先吃高于地面1米以下的植物。异齿龙在进食时通常四肢着地，然后用喙一片一片地啄下树叶或茎，再把它们集中在口的两边，然后一起咀嚼，咀嚼时下颌轻微地向后挫动，这和现代牛羊的进食方式是相似的。一旦遇敌，异齿龙就会撒开两腿，奋力奔逃。

异齿龙的天敌

异齿龙的敌人主要来自兽脚类，比如像斑龙、沃克龙、角鼻龙、鳄龙等肉食性的兽脚类恐龙，当然也包括了生活在同一地区的、速度相当快的其他肉食性动物。像其他那些行动敏捷的小型鸟脚类恐龙一样，异齿龙一般可以用快速奔跑来甩开敌人，在奔跑时，它会猛烈摆动尾巴，保持自己在奔跑时的身体平衡。

当异齿龙遇到鳄龙这样的敌人时，只能选择逃之夭夭。

异齿龙的亲戚

1967年，古生物学家在南美洲的阿根廷发现了一种小型的草食性恐龙，通过对所挖掘出来的化石分析后得知，这种恐龙可能属于鸟脚类恐龙，体长约1米，它还与1962年发现的异齿龙有着很密切的关系。古生物学家把它命名为皮萨诺龙，它的化石与始盗龙和埃雷拉龙所存在的岩石层是一样的，所以皮萨诺龙如果真属于鸟脚类恐龙的话，那么它就和始盗龙一样是最早出现的恐龙之一。

皮萨诺龙

弦龙

—————— 股骨弯曲的恐龙 ——————

弦龙是侏罗纪末期到白垩纪
早期，在今北美洲和英国的一些
开阔林地生活的一种草食性鸟脚类恐
龙，它和禽龙是近亲。弦龙有着庞大厚
实的躯体，小而多肉的脑袋，前短后长
的四肢，以及长长的尾巴。它既可以只
用后肢行走，也可以四肢并用。它在
遇敌时只会逃跑，通常不作反抗。

X档案	
姓名：	弦龙
家族：	鸟脚类
时代：	侏罗纪末期到白垩纪早期
身长：	7米
体重：	不详
分布：	北美洲，英国

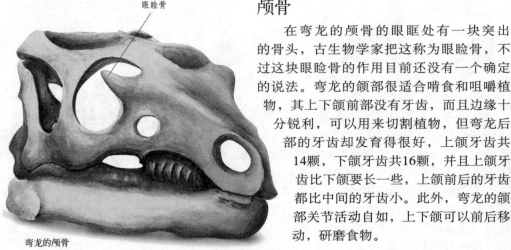

弦龙

弦龙的外形

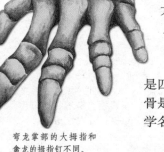

弦龙掌部的大拇指和
禽龙的拇指钉不同。

弦龙的体形较大，庞
大的身躯上长着一个不大的脑袋，后面拖着一条尾巴，
显得十分笨重。它的前肢比较短，上面有五个指，但和
我们后面将要介绍的禽龙有所不同，它没有钉子形状的
大拇指。弦龙的后肢相对前肢来说则要长很多，其末端
是四个趾，它的指（趾）都形似马蹄。弦龙的股骨也即大腿
骨是弯曲的，这也是它之所以被命名为弦龙的重要原因，其
学名"Camptosaurus"的含义就是"弯曲的蜥蜴"。

颅骨

眼睑骨

弦龙的颅骨

在弦龙的颅骨的眼眶处有一块突出
的骨头，古生物学家把这称为眼睑骨，不
过这块眼睑骨的作用目前还没有一个确定
的说法。弦龙的颌部很适合啃食和咀嚼植
物，其上下颌前部没有牙齿，而且边缘十
分锐利，可以用来切割植物，但弦龙后
部的牙齿却发育得很好，上颌牙齿共
14颗，下颌牙齿共16颗，并且上颌牙
齿比下颌要长一些，上颌前后的牙齿
都比中间的牙齿小。此外，弦龙的颌
部关节活动自如，上下颌可以前后移
动，研磨食物。

弯龙的生活形态

弯龙既能够依靠后肢的支撑力量，直立起来去吃长在高处的树叶，又能够四肢着地，俯下身去吃长在低处的青草和灌木的枝叶。弯龙通常依靠两条后肢走路。一般情况下，拖着笨重身体的弯龙行动非常缓慢，但一旦遇到敌人，它就会依靠强壮有力的后肢以及能保持身体平衡的尾巴，迅速地往前奔逃，把敌人远远地甩在身后。不然，本身没有任何防御性武器的弯龙就要沦为肉食性恐龙的口中美餐了。

弯龙在紧急状态下会用后肢迅速逃离。

弯龙的体形比以后的禽龙类恐龙要小。

弯龙的进化过程

禽龙类恐龙出现在侏罗纪时期，而弯龙是禽龙类中最原始的恐龙之一。它是由法布龙进化而来的，经过一段时期后，弯龙中的一部分又进化成禽龙类中最著名的禽龙，所以也可以说弯龙是禽龙的近亲。随着弯龙的进化，禽龙类恐龙的身躯也越来越庞大，越来越笨拙，极其缺乏灵活性。

弯龙的天敌

弯龙的敌人主要是肉食性的兽脚类恐龙，比如高脊龙等异特龙类。这类恐龙生性极其凶残，总是悄悄地躲在隐蔽处等待猎物的出现，当弯龙漫步经过或低头食草，完全没有警戒心的时候，这些肉食性恐龙便突然地冲出来，以迅雷不及掩耳的速度凶猛地扑向猎物，并用锐利的指爪紧紧抓住猎物，同时再用锋利的尖牙狠狠咬住猎物脆弱的颈部。这样，弯龙就变成了这些肉食恐龙的美餐，尽管它的身体也许比吃它的恐龙还要大许多。

高脊龙

棱齿龙

—— 采食高处植物的小型恐龙 ——

棱齿龙是速度快，以两足行走的草食性恐龙。它体形小，动作敏捷，具有敏锐的视力。棱齿龙的身体结构是专为吃植物和逃避危险而设计的。其小头上有大而锐利的眼睛和复杂的进食机制：角质嘴喙上长有牙齿，上下颊齿能够自行磨利并形成一个切面，脸颊上还有一个颊袋来储存食物，而且它的颌部强壮且能活动。棱齿龙的后肢很发达，胫骨比较细长，蹠骨较高，脚部由三根向前生长并有利爪的脚趾和脚掌组成。

X档案	
姓名：	棱齿龙
家族：	鸟脚类
时代：	白垩纪早期
身长：	1.4～2.3米
体重：	64千克
分布：	英国威特岛，西班牙泰鲁，美国南达科塔州

棱齿龙的反应灵敏，一旦发现危险，它会立即跑掉。

棱齿龙的外形

棱齿龙全长1.4～2.3米，臀高1米，后肢修长优美。嘴喙狭窄锐利，这给它咬食树的枝叶带来了很大方便。它的前肢末端有五根粗短的指头，指尖长着坚固的爪子，很适合抓扯或捧食食物。古生物学家们曾经认为，棱齿龙可能生活在树上，但后来经研究显示，棱齿龙的四肢掌部不适合抓紧树枝，而是很适合在陆地上快速奔跑，它的习性很像今天的非洲瞪羚。棱齿龙可能是鸟脚类中奔跑速度最快的一种恐龙。

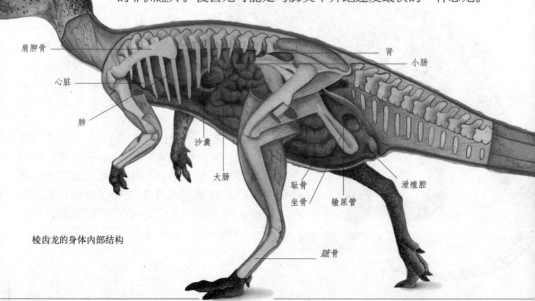

头部

肩胛骨

心脏

肺

沙囊

大肠

坐骨

耻骨

输尿管

泄殖腔

肾

小肠

蹠骨

棱齿龙的身体内部结构

棱齿龙的身体结构

两足行走的棱齿龙并不像大部分草食性鸟脚类那样，重量集中在身体的前半部，它的耻骨斜向后方生长并触及坐骨，这使容纳食物的肠子能延到身体非常靠后的部位，如此一来，重心就会落在臀部下方。棱齿龙后肢上的小腿比大腿长，有利于奔跑，它整个后肢的作用像是一个杠杆的支点，头、颈部与尾巴分别在两端保持动态平衡。它那逐渐变细的长尾巴靠一根根骨质筋腱来保持挺直，因此尾巴不可能触及地面，除非在放松或睡觉时。

棱齿龙的生活形态

距今1.2亿年左右的白垩纪早期，棱齿龙大多生活在今欧美一带覆盖着蕨类和木贼的冲积平原上。棱齿龙的体形构造很适宜采食植物以及逃避攻击者。一旦发现周围环境存在危险，棱齿龙会快速逃跑以躲避敌人的攻击。和现代动物对比体形和腿长后，古生物学家估计它奔跑时的速度可达45千米/小时。

木贼是棱齿龙生活地区的主要植物。

牙齿

棱齿龙上颌牙齿齿冠的颊面釉质化程度很高，前上颌齿稍微弯曲，其齿冠前后加宽，两边有边缘小齿。它的下颌大约有十几颗牙齿，前面几颗比较简单，呈圆锥状，其他牙齿的齿冠内外扁，与上颌齿一样具有边缘小齿，而且有明显的中棱和几条较弱的次级棱。这些棱的存在大概正是"棱齿龙"之名的由来。这些牙齿的磨蚀面平而倾斜，显示出其耐磨性非常强。此外，棱齿龙还具有一般鸟脚类恐龙的一个重要特点，即上牙齿齿冠向内弯曲，而下颌牙齿齿冠向外弯曲。

群居生活

胆小的棱齿龙要谋求生存，就必须依赖群居生活。与现今的羚羊一样，当群体里的大部分成员低头吃东西时，有些棱齿龙个体会环顾四周防范危险。一旦遭受饥饿的肉食性恐龙攻击，逃跑是这种无防御能力动物唯一的选择。棱齿龙在快速奔跑时也能左右闪躲躲开追逐者，其长尾巴在跑动时有助于保持身体平衡。但如果没有得到事先预警，棱齿龙恐怕很难逃脱能快速奔跑的大型兽脚类的攻击。

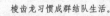

棱齿龙习惯成群结队生活。

禽龙

——最早被发现的恐龙——

禽龙是白垩纪早期的巨型草食性恐龙，它是1822年由英国的格丁·曼特尔医生及其夫人玛丽·曼特尔发现的，它是世界上最早被人类发现的恐龙。禽龙属笨重的大型鸟脚类，它繁衍出了大量的后代。其颊齿高而有脊状突起，与现今鬣蜥的颊齿相似但要大得多，大约有100颗。禽龙最出名的特征在于其尖锐、骨质的拇指爪，出于自卫的目的，它可能会用此爪刺伤攻击者。

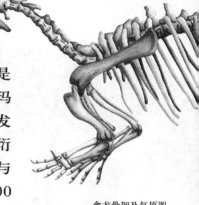

禽龙骨架及复原图

禽龙

禽龙的外形

禽龙身躯高大，体形笨重，尾部粗而巨大。体长一般在10米左右，用后肢站立时，身高可达4.5米。禽龙体重与一头亚洲大象差不多。一般情况下，禽龙习惯四足行走，但有时它也会依靠两条后肢行走。当禽龙以后肢行走时，会将头向前伸，使背部和尾巴竖挺着，几乎与地面平行。当被肉食性动物追捕时，它能跑得很快，每小时可达35千米左右。禽龙的尾巴僵直而侧扁，这有助于保持身体平衡。

X档案

姓名：禽龙	
家族：鸟脚类	
时代：白垩纪早期	
身长：9~10米	
体重：4吨	
分布：比利时，英国，德国，西班牙，美国	

禽龙的四肢

禽龙的手有五指，十分特殊。每只手上有尖刺般的拇指、三根长着蹄状爪子的中间指，以及能抓握的第五根手指。幼年禽龙的前肢相对较短，所以通常可能以后肢行动。成年禽龙前肢则较长也更强壮，因而可以弯下身体前端，以手上三根承受重量的中间指支撑，以便喝水或吃低矮树木上的树叶。一些足迹化石显示，成年的禽龙也会以后肢行走，但行动要缓慢得多。

禽龙的掌部第五指能自由弯曲。

禽龙的生活形态

　　禽龙是形形色色的鸟脚类恐龙类中的一员，它后肢直立的姿势和其后肢掌部的三趾构造与现代的鸟类颇为相像。禽龙一般成群生活在今欧洲与美洲的林地。它们在茂密的丛林、湿热的沼泽觅食、饮水、休息时，通常是四肢着地，缓慢行走，但在取食蕨树和针叶树的叶子时，则用后肢站立。现已出土的许多禽龙骨骼彼此距离很近，这足以证明禽龙过着群居的生活。

禽龙的进食特征

　　禽龙喜食马尾草、蕨树和苏铁，它的大部分时间可能花费在寻找食物和咀嚼食物上。禽龙可以用肌肉发达的后肢站立，去啃食树上的叶子。食物到口中以后，它会细嚼慢咽，而用不着像雷龙那样去吞鹅卵石。禽龙上下颌的前部没有牙齿，只有侧面有一些到一定时期就自行替换的颊齿，它依靠像食物磨碎机一样的带角质的嘴喙咬下树叶，然后其颌部再以不寻常的滑动动作使颊齿将食物嚼碎。

禽龙用它的大尖钉狠狠地戳向敌人。

禽龙悠闲地咬食着嫩叶。

禽龙的自我保护方式

　　禽龙是温和的草食性恐龙，一般选择奔跑的方式逃避捕食者。但当它遇到霸王龙，被逼得走投无路时，它会用大尖钉一样的拇指戳刺敌人来保护自己。这副尖利的钉子般的装备就是它的"自卫武器"，但这一招它只会在迫不得已、无路可逃的情况下才使用。所以禽龙比起甲龙、三角龙、剑龙来，要显得弱小得多，因此还未到白垩纪的末期，就被霸王龙吃光了。

豪勇龙

—— 能够调节自身体温的恐龙 ——

豪勇龙是在白垩纪早期生活于今非洲地区的鸟脚类恐龙，是以两足或四足行走的大型草食性恐龙。它具有细长的头和无齿的嘴喙。豪勇龙与禽龙具有某些共同的特征，包括后肢比前肢长且更健壮，手指与脚趾上有蹄状的爪，尖刺般的拇指，以及牙齿的牙冠具有高脊等等。豪勇龙最明显的特征是背上有一个从肩一直到尾巴的大帆，估计起调节体温的作用。

X档案	
姓名：	豪勇龙
家族：	鸟脚类
时代：	白垩纪早期
身长：	7米
体重：	0.7吨
分布：	西非尼日尔

豪勇龙

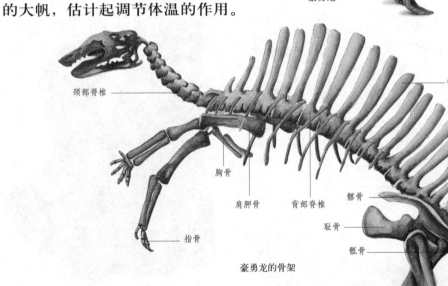

颈部脊椎

神经棘

胸骨

肩胛骨　背部脊椎

髂骨

耻骨

坐骨

指骨

豪勇龙的骨架

股骨

趾骨

豪勇龙的外形

豪勇龙有两辆小轿车那么长。它一般用后肢行走，因为它的后肢强壮有力，可以支撑起全身的体重。当站立不动时，尾巴也能分担一部分体重。当它需要休息时，它能向前倾斜而用四肢着地，用它蹄状的爪子来保持身体的平衡。它的前肢每只掌上都有一个长拇指钉，这点和禽龙类似。此外，豪勇龙的外形还有一些独特的特征：其眼睛上方有个低矮的隆起，类似鸭嘴龙类的嘴喙，背上长有脊椎骨突起和用来支撑背帆的骨板。

豪勇龙的生活形态

在行为方面，豪勇龙可能与禽龙非常相似。其手部结构显示出，在休息与漫步时它是四脚着地的。它的手虽然比禽龙的小，但腕部非常强壮。虽然它手上的三根中间指为蹄状而且无法抓握东西，但可以伸直，或者在豪勇龙想弯下身体、以四脚着地时，手指会向内弯，形成承担重量的"脚"。然而它奔跑时，成年的豪勇龙必须直立身体、靠着两条柱状的后肢奔跑。而小豪勇龙在任何时候都会以后肢行走，因为它的前肢相对太短了。

豪勇龙四肢着地，悠闲地寻找着食物。

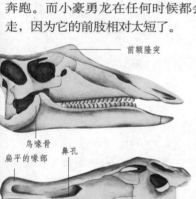

前额隆突

鸟喙骨
扁平的喙部   鼻孔

豪勇龙头部的侧面图和俯视图

头部

无论从侧面看还是从上往下看，豪勇龙的头颅都呈平顶状，其前额部位有隆起，口鼻部比禽龙的低，下颌较扁，高的鸟喙骨表明其咬合力非常强。豪勇龙具有类似鸭子的嘴喙以及强有力的颌部，可以咬断与咀嚼生长在冲积平原上的低矮苏铁类与早期的开花植物。它和禽龙一样，都有具突脊的叶状牙齿。头颅上有个关节，使上颌的两侧在下颌上移以咀嚼食物时，可以向外滑动。

背帆

豪勇龙长有一个大"帆"，从背部、臀部一直延伸到尾部。它是由长棘刺支撑起的皮肤形成的。豪勇龙生存的环境夜间寒冷，白天则又干又热。它的背帆可以帮助它保持体温的稳定。豪勇龙会在炎热的午后调整站立位置，使背帆的边对着太阳以保持凉爽，让热由背帆的皮肤散发掉。在寒冷的清晨，它会侧身站立，让太阳对着帆面，背帆上皮肤内的血液在阳光的照耀下，会起到聚热板的作用。不过，背帆的这种作用也只是古生物学家的猜测，并未得到证实。

尾部脊椎

豪勇龙的进攻武器

与禽龙一样，豪勇龙的每只手上都有一个长拇指钉，只是略小一些。肉食性恐龙经常在豪勇龙进食时埋伏攻击，豪勇龙算不上是最机灵敏捷的动物，所以它的拇指钉就是最有用的防卫武器。它能刺伤进攻者，就像犀利的匕首一样。

豪勇龙的拇指钉威力要小于禽龙。

艾德蒙托龙

—— 拥有数百颗牙齿的恐龙 ——

艾德蒙托龙是大型的鸭嘴龙类恐龙，也是白垩纪末期非常繁盛的一类草食性恐龙。它口中布满数百颗牙齿，可以咬食一些坚硬的植物。第一块艾德蒙托龙的化石是美国著名古生物学家乔治·F.斯坦伯格发现的。

X档案	
姓名：艾德蒙托龙	
家族：鸭嘴龙类	
时代：白垩纪末期	
身长：13米	
体重：4吨	
分布：加拿大艾伯塔省、萨斯卡通省、美国阿拉斯加州、科罗拉多州、蒙大拿州、北达科塔州、南达科塔州、怀俄明州	

艾德蒙托龙的骨架

艾德蒙托龙的外形

艾德蒙托龙有着庞大的身躯，其颌部强而有力，但它的喙部则比较扁平，很像鸭嘴，口中有数百颗紧密生长的颊齿，比较奇特的是，它的大鼻腔上还有块可以胀大的皮肤。相较于它的身躯而言，它的前肢就显得非常小，掌部有四根手指，这些手指都包着厚厚的肉垫。艾德蒙托龙强壮的后肢与厚实的尾巴使它看起来与禽龙有几分类似。此外，艾德蒙托龙从肩膀处开始背部就显著下滑。

鼻囊

艾德蒙托龙的鼻部上方长着一个鼻囊，这个鼻囊其实就是一层皮肤。它平时皱皱地横在艾德蒙托龙的脸部，而当艾德蒙托龙遇到暴龙或其他可怕的肉食性恐龙的时候，它的鼻囊就会胀大，发出吼叫声，对进攻者起到一个威胁作用，或许能够把敌人吓走。但是这个鼻囊也许还有其他的用处，比如在繁殖交配期用来吸引异性，或者是在小恐龙迷失方向时，用来召唤它们回家。

扁平的喙部

艾德蒙托龙是体形最大的鸭嘴龙。

艾德蒙托龙可能通过胀大鼻囊把吼声扩大。

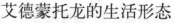

艾德蒙托龙的牙齿可以像植物粉碎机一样把植物磨碎。

牙齿

艾德蒙托龙的口中有大量小型的牙齿，大约有700颗之多，这些牙齿如钻石般成组排列，每组包括了60多个小群，这些小群密集生长。而在每一个小群中又包含了3~5颗牙齿，这种结构与它草食性的生活相适应。艾德蒙托龙在咀嚼植物时，这么多的牙齿能够帮助它把食物充分嚼烂，以便它消化吸收。

艾德蒙托龙的生活形态

人们曾在一个艾德蒙托龙骨架化石中发现了尚未被完全消化的种子、果实以及一些松树的针叶，这足以证明艾德蒙托龙是一种草食性恐龙。以前，人们一度认为艾德蒙托龙是一种水栖动物，用有蹼的掌作桨，用尾巴作舵，以柔软的水生植物为食。但后来古生物学家经过研究证明，艾德蒙托龙实际上是一种陆生动物，因为它的掌上并没有蹼，而是厚实的肉垫，尾巴不容易弯曲，也无法起到舵的作用。

巨鸭龙是一种与艾德蒙托龙十分相似的恐龙，这只巨鸭龙正停在水边喝水。

尾巴不能轻易弯曲摆动。

艾德蒙托龙也会像人类一样患癌症。

会患癌症的艾德蒙托龙

2003年10月，美国古生物学家在对97个鸭嘴龙化石标本进行检测后发现了29处肿瘤，其中在艾德蒙托龙身上发现的肿瘤最多，它也是唯一被发现患有恶性肿瘤即癌症的恐龙。艾德蒙托龙骨骼中的肿瘤多是血管外皮细胞瘤，其形状与人类血管外皮细胞瘤非常相似。至于鸭嘴龙患肿瘤的原因，古生物学家目前尚无法确定。

慈母龙

——最有爱心的恐龙——

慈母龙的学名"Maiasaura"直译为"好妈妈蜥蜴"，它也确实没有辜负这个美名，在小慈母龙还没有孵化之前，慈母龙就会非常精心地照顾这些小宝宝，直到它们出生并能够自己离家出去寻找食物为止。

X档案	
姓名：	慈母龙
家族：	鸭嘴龙类
时代：	白垩纪末期
身长：	9米
体重：	不详
分布：	美国蒙大拿州

慈母龙的外形

慈母龙像马一样长着一个长头，其眼睛的上方有一个实心的骨质头冠，但这个头冠非常小，有可能雄慈母龙之间就是用这个小头冠来互相碰撞，以决定自己的领袖地位的。慈母龙的颧骨上还长有三角形的突起，它的喙部则比较宽，像鸭的喙部一样。此外，它还有一个有力的颌部。慈母龙可能习惯四足行走，但前肢较细，后肢则相对要粗壮些，所以当它行走时，臀部是它身体的最高处。

慈母龙的骨架

前肢

慈母龙的前肢由肱骨、尺骨、桡骨、掌骨和指骨构成。它的肱骨上长一个小型的三角胸嵴，不过这个三角胸嵴比其他的鸭嘴龙类恐龙如兰伯龙都要小得多，这或许就表明附着在慈母龙这块三角胸嵴上的肌肉会比较小，自然它这一部分的肌肉力量也会比较小，进而也说明它的前肢相对比较细。

慈母龙

慈母龙的生活形态

慈母龙会南北迁徙到处寻找食物，而且它们习惯群体活动。当一群慈母龙在活动时，身体最强壮的慈母龙就会在附近守卫，防止敌人偷袭。雌慈母龙每年产卵时会返回到以前的窝中生产，当它产卵时，它会先用四肢堆出一座沙丘，再在沙丘中央挖出一个深约1米、直径为2米的洞，然后把蛋放进去，下面垫上泥土与碎石，上面覆以植物，以便保持恒温。雌慈母龙一般会在窝内产下18～40枚硬壳的蛋，雄慈母龙自然是在窝边守护，以防止其他动物偷蛋。

小慈母龙

小慈母龙刚出生时，它的双亲会立即外出寻找可口的植物，并亲自把食物送到小恐龙的口中。而它只有身长达到1.5米时才能出窝，在窝的附近行走。小慈母龙大约出生一年之后，体长增加到2.5米时才可以随父母到较低洼的地方活动。它大约到10～12岁后才能自己觅食，在此以前就只能像某些鸟类的雏鸟一样嗷嗷待哺。而出生15年之后，它才能完全离开父母，开始自己独立生活。

小慈母龙刚下来时还不能四处走动去寻找食物。

关怀后代的慈母龙

美国的古生物学家在1978～1988年十年期间，经过不断的挖掘和研究发现，慈母龙不仅能营巢筑窝，而且能够照顾小恐龙，一直到小恐龙能独立生活，于是便把这类对后代倍加关爱的恐龙命名为"慈母龙"。慈母龙的窝都在高原地区，居高临下。待在窝里，慈母龙就能及时发现肉食性恐龙的到来。它建造的窝可以使用多次。

对子女关怀备至的慈母龙

鹦鹉龙

长着鹦鹉嘴的恐龙

最早的鹦鹉龙化石是在蒙古南部戈壁沙漠发现的。这种小恐龙在我国也分布较广，生活时代为白垩纪前期。鹦鹉龙和原角龙、三角龙等角龙类恐龙都具有一张类似鹦鹉一样带勾的鸟嘴，古生物学家由它的体形及生存年代来推断，认为鹦鹉龙可能是大部分角龙类恐龙的祖先。

X档案	
姓名：	鹦鹉龙
家族：	角龙类
时代：	白垩纪早期
身长：	2米
体重：	不详
分布：	中国，蒙古

鹦鹉龙的骨架

鹦鹉龙的外形

鹦鹉龙是一种小型恐龙，习惯两足行走。已出土的鹦鹉龙化石个体长度大多约为100～200厘米，它的头部呈方形，并长着一张像鹦鹉一样的嘴。头部呈方形的原因是它头盖骨的背后四周有骨嵴，这些骨嵴用来固定强有力的颌肌，使鹦鹉龙的喙部能用力地咬噬。它的颈部比较短，而整个身体则长而较为肥厚。前肢较长，掌上有四指，第四指非常短小。前肢的这一结构极为适于握持树枝，而后肢和尾都较短。

现今的鹦鹉

鹦鹉龙可能是最早的角龙类成员。

头部

鹦鹉龙的头部较短，喙部弯曲，形态和功能都和现今的鹦鹉的喙部极为相似。这个厚而锐利的角质喙能和颊齿一起帮助鹦鹉龙咬断和切碎植物的叶梗甚至坚果。在它上颌及下颌的每侧各有7～9颗三叶状的颊齿，牙齿质地光滑，齿冠较低。鹦鹉龙的颧骨向两侧突出，鼻孔较小，前额位于鼻骨之下。此外，在鹦鹉龙的两只眼睛上方有块突起的骨头，即眼睑骨，但这块骨头是不是具有同角龙的眼睑骨一样的功效，目前古生物学家还没有一个定论。

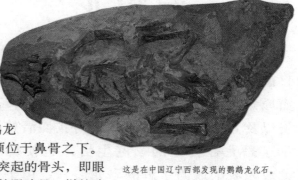

这是在中国辽宁西部发现的鹦鹉龙化石。

鹦鹉龙会照顾好自己的孩子。

鹦鹉龙的亲子本能

在我国辽宁发掘出的鹦鹉龙化石群中，一个成年恐龙四周围绕着34只小恐龙，它们拥挤在0.5平方米的四方形中。与其说这是死亡来临时恐龙的偶然聚集，不如说这是一个恐龙家庭团体更合适。这个发现是第一个恐龙养育子女的清晰证据。这些小鹦鹉龙长度都约为20厘米，这说明它们是一窝孵雏，但现在还不能分清那只成年恐龙的性别。

鹦鹉龙的生活形态

鹦鹉龙生活在低洼的湖泊或河岸地区，以岸边柔嫩多汁的植物为主食，它用坚固而锐利的角质喙切断植物的根部，再用颊齿咀嚼并吞食。除了用牙齿把植物嚼碎外，鹦鹉龙还会吞下一些石块当作胃石，这些石块在鹦鹉龙与鸟类相似的嗉囊里，把食物磨碎。此外，古生物学家们还认为，在鹦鹉龙体内，肠子的后面部分可能存在细菌与酶，它们能在特殊的发酵室里起消化作用。

鹦鹉龙与其他角龙的关系

鹦鹉龙从分类上，与后来的角龙类物种的亲缘关系较近，但在构造上明显要比那些物种原始，而且出现在地球上的历史也要久远一些，因此古生物学家认为鹦鹉龙是有角恐龙的祖先。但它未发展出角龙独特的尖状角刺及骨质颈盾以作护卫，估计它在受到袭击时只能选择逃跑。当大量的肉食性恐龙出现后，它就因不适应环境而趋于灭绝。鹦鹉龙在史上总共存在了约400万年，而那些进化的角龙如三角龙等则自出现后，一直生活到了白垩纪结束。这也说明随着时间的推移，角龙类进化出了越来越适应生存环境的物种。

鹦鹉龙是其他角龙的祖先。

原角龙

—— 最为人类了解的恐龙之一 ——

目前，只有几种恐龙的化石有数十件之多，而原角龙就是其中一种。原角龙的巢、恐龙蛋以及大小恐龙骨骼的化石向我们清楚地展示了恐龙社会里的家庭生活，也使得原角龙成为我们最为了解的恐龙之一。由于原角龙还与在北美洲发现的角龙有许多的共同特征，所以古生物学家认为北美洲的角龙是由生活在亚洲的原角龙进化而来的。

原角龙

X档案	
姓名:	原角龙
家族:	角龙类
时代:	白垩纪晚期
身长:	1.8米
体重:	180千克
分布:	中国，蒙古

原角龙的外形

原角龙是角龙类中的原始种类，其身体非常结实，它的头上还没有进化出角，只是在鼻骨上长有一个小小的突起。它颈部的骨板已经变得很大，形成了颈盾。原角龙的喙部很像鹦鹉龙，但要大一些。它的颌骨强壮，上面长着牙齿，可以嚼食植物的枝叶以及多汁的茎根。

原角龙是小型的角龙类恐龙。

颈盾

古生物学家通过对原角龙颈盾的解剖发现，这种骨质褶边的作用主要是为了使从头骨后部到下颌上的强大的肌肉组织附着其上，这组肌肉叫作颞肌，能带动下颌完成咬噬和咀嚼作用。因此，原角龙以及后来出现的各种角龙类恐龙，都可能具有比其他草食性恐龙强大得多的咀嚼能力。此外，原角龙的颈盾还可以作为支配头部运动的颈部肌肉的附着点，这部分肌肉位于颈盾之后。当然，颈盾的存在也保护了致命的颈免受肉食性恐龙的进攻，因此它也是一种保护器官。

原角龙习惯共同生活，在沙丘上筑巢。

原角龙的生活形态

原角龙居住在气候干燥、环境恶劣的沙丘地区。这些地区的植物叶子坚韧耐旱，为此原角龙进化出了大而有力的颌部和尖锐的喙部来适应生活。它也许会成群地生活在一起，雄性原角龙之间会进行撞头争斗，胜利者就成为了群体的头领。为了繁殖下一代，雌性原角龙在沙中产卵，使卵排成几个同心圆圈的形状，很像现代的龟类下蛋那样，然后再用沙盖着，借太阳的热量孵化。

原角龙蛋化石

1923年，美国自然历史博物馆的研究人员在我国内蒙古发现了原角龙蛋的化石，这是第一批被人类挖到的恐龙蛋化石，这种恐龙蛋化石的形状和蜥蜴的蛋相似，呈长椭圆形，一端较大，另一端较小。蛋壳是钙质的，表面粗糙，有细小而曲折的条状饰纹。这一发现轰动了全世界，也充分证明了恐龙属于卵生动物。

在我国巴音戈壁发现的原角龙蛋化石

原角龙的发育

由于原角龙的一系列代表其从出生到成年各个生长阶段的个体化石的发现数量很多，所以原角龙的各个发育阶段都得到了详细的研究。雄性原角龙和雌性原角龙在成长过程中会发生很大的变化，主要表现在它们的颈盾和口鼻部上。在幼年时期，雄性和雌性原角龙的颈盾和口鼻部长得基本相同，看不出任何差别。等到成年时期，雄性原角龙的口鼻部比较厚实，颈盾比较宽，还拥有比较大型的颊骨；而雌性原角龙的颈盾则相对比较窄，口鼻部也较小。

原角龙的发育过程

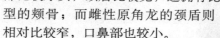

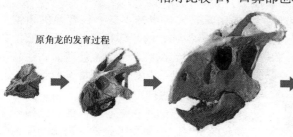

尖角龙

—— 长得像犀牛的恐龙 ——

尖角龙差不多和一头亚洲大象一样长，而高矮则和一个成年人差不多。它的身体非常粗壮，再加上鼻骨上方的一个尖角，使它看起来就像一只大犀牛，只是它的颈部有一个犀牛所没有的骨质颈盾。尖角龙的颈盾有可能色彩亮丽，可以在繁殖季节来吸引异性。

X档案	
姓名：尖角龙	
家族：角龙类	
时代：白垩纪末期	
身长：6米	
体重：2.7吨	
分布：加拿大艾伯塔省	

尖角龙的外形

现在的犀牛与尖角龙长得很像。

尖角龙的头比较厚重，它的头上只有一个角，颈盾较大，在颈盾的周围有骨质的棘刺，而颈盾的上方还长着两个往前下弯的骨质长钩，在它的头部还有两根小眉角，位置在眼睛上方。尖角龙颈部和肩部很强壮，可承受巨大头部的重量。它习惯四足行走，其四肢就像四根大柱子，前肢比后肢略短。尖角龙的尾部构造使它的尾巴并不是与地面保持水平状态，而是斜向下方。

颈部

尖角龙的头和颈盾与身体比起来显得非常巨大笨重，它的骨骼要承受非常大的压力，即使只是轻轻晃动一下头部，对尖角龙来说，也并不是一件容易的事情。因此，尖角龙必须具有很强壮的颈部和肩部，不然它的骨骼很容易在活动时被压碎。古生物学家发现，尖角龙的颈椎都紧锁在一起，有着极强的抗压性。不过，从尖角龙的颈盾骨骼来看，它的颈盾是有开口的，这减轻了巨大颈盾的重量，也减少了颈部和肩部的压力。

尖角龙的头部
侧视

尖角龙的亲戚——厚鼻龙

厚鼻龙也是角龙的一种，全长6米。它的头上有厚厚的骨垫，长在鼻孔和眼睛的上方。雄性厚鼻龙之间可能利用这块骨垫来进行互推。虽然它的鼻子上没有角，但头后有大大的颈盾，颈盾上方还生有两只小角。从外貌上看，它与那些典型的角龙已没有太大区别。它和尖角龙一样生活在加拿大的艾伯塔省地区，并且它可能也像尖角龙一样过着迁徙的生活。

厚鼻龙

尖角龙的骨架

尖角龙的迁徙生活

数以千计的尖角龙可能会选择迁徙到气候温和、阳光普照、植物生长速度快的北方去度过夏天，即使洪水泛滥的河流也无法阻止它们迁徙的步伐。加拿大艾伯塔省的红鹿河谷就曾出土过数百具尖角龙的化石，古生物学家猜测，这批尖角龙可能是在迁徙过程中，集体渡河时发生拥挤，造成混乱而死亡的。

尖角龙的四肢如柱子一般。

白垩纪末期的开花植物是尖角龙的美食。

尖角龙的生活形态

尖角龙生活在蜿蜒的河流与沼泽、森林旁边，它强而有力的颌部能够嚼食森林中坚韧的植物，而胃中的胃石能把植物磨成糊糊方便肠胃吸收。与尖角龙生活在同一地区的还有恐怖的肉食性恐龙——暴龙。当尖角龙遇到暴龙的袭击时，它的颈盾能够保护它最薄弱的脖子部位，而头上的尖角则是它最好的防御武器，这个尖角可以深深地插入到袭击者的体内。

戟龙

角最多的角龙

戟龙因其颈部具有美丽的盾状环形装饰物而得名。它的盾状饰物周边伸出六个大小不一的长角，可以惊吓敌人，也可以吸引异性的注意。此外，其鼻子上还长有颇具有防御或攻击敌人功能的尖角。强壮威武的雄性戟龙的颈盾上的角可能会极为壮观美丽，而雌性的角则可能并不发达。

处于战备状态的戟龙

戟龙的颈盾看上去非常抢眼。

X档案	
姓名：	戟龙
家族：	角龙类
时代：	白垩纪末期
身长：	5.5米
体重：	2.7吨
分布：	加拿大艾伯塔省，美国蒙大拿州

戟龙的外形

从整体上看，戟龙和后面我们即将介绍的三角龙并没有太大的区别，只是个子略小些。它有一个无齿的喙部，但这个喙部像鹦鹉嘴一样弯曲，能切割采食那些低冠植物的树叶。戟龙鼻骨上方的角很长，两眼上方略有突起。颈盾多皱，上部边缘长着长长的尖刺，如同又增加了许多角，侧边也有尖刺，但要短得多。它的脚趾向外撇，这样能使自己站得很稳，并容易支撑身体的重量。

戟龙的尖角

　　戟龙的鼻骨上长着一个像尖角龙一样的巨大而直立的尖角，除了这个尖角之外，它的颈盾上还有六根长的尖角。这些尖角足以威慑到想袭击它的肉食性恐龙，令它们知难而退。不过如果要进行真正的格斗的话，这些颈盾上的尖角的力量是微不足道的。戟龙真正的武器还是它鼻骨上的那个尖角，这个鼻角能给来袭的大型肉食性恐龙以毁灭性的打击：它可以刺透肉食性恐龙裸露的皮肉，并留下一个深深的圆洞状的伤口。

戟龙的生活形态

　　现在的雄鹿之间为了争夺一群母鹿会相互用角推挤，这种情况也极有可能出现在戟龙的生活中。因为有几具戟龙的化石骨架显示，这样的打斗确实曾经出现过。在求偶的过程中，雄性的戟龙之间可能会利用鼻角和颈盾上的长钉进行竞争，当两只恐龙颈盾上的长钉卡在一起后，它们会互相推挤，直到决出胜利的一方。

长满尖角的戟龙的头部

戟龙的行走姿势

　　在过去的认识中，戟龙等角龙类恐龙的两只前肢分得很开，看上去像蜥蜴那样。但是在二十世纪六七十年代时，一些古生物学家就对此提出了异议，认为戟龙等角龙类恐龙的两只前肢应该更直立一些，它们之间的距离也应该小一些。美国的古生物学家模拟了角龙各个关节的运动情况，并根据这些研究结果最终确定了其前肢的站立姿势。

戟龙的别名

　　因为戟龙的鼻骨上有一个较长的角，而且颈盾周围是由多个棘刺组成的棘刺圈，所以有人把它叫作棘刺龙。也有人因为它属于角龙类，而把它称为刺盾角龙。在我国大陆地区，人们认为它的颈盾看起来很像我国古代兵器中的戟，而常常把它形象地称为戟龙。

戟龙的走路姿势与蜥蜴并不相像。

戟龙的尖角

三角龙

——— 体形最大的角龙 ———

三角龙是已知最大型的角龙类，而且它在角龙类中出现时间最晚，数量也最多。它的身躯很庞大，光头部长度就等于一个人的高度，体重则与一头亚洲象相当。三角龙具有一个宽大的颈盾，头上长有两个长的眉角和一个较短的鼻角，看起来似乎骁勇好战，但其实它是一种温驯的草食性恐龙，那些尖角只不过是它的防御工具。

正在进行决斗的三角龙

X档案		
姓名：三角龙		
家族：角龙类		
时代：白垩纪末期		
身长：9米		
体重：5.4吨		
分布：加拿大艾伯塔省、萨斯卡通省、美国蒙大拿州、北达科塔州、南达科塔州、怀俄明州		

三角龙的外形

三角龙的头完全是一堆结实的骨甲。它的喙部外面有一层角质层，而口鼻部则已经进化为侧面紧缩的嘴。如此构造的喙部能高效地切割植物坚硬的茎。三角龙鼻孔上有一只短角，两眼上方各有一只超过1米的眉角。头部后方是盾牌一样的骨质颈盾。三角龙的四肢都很健壮，而尾巴则较短。除此之外，它的身体结构与戟龙等角龙类恐龙类似，只是身躯要较它们庞大。

头部

三角龙的脸部呈扁长型，它的口鼻部也很长，眉角比鼻角长。其头部后方骨骼延长成为巨大的颈盾，这块颈盾是一体实心的。三角龙的颈盾颜色可能是华丽多彩的，这样既可以在当时的自然环境中形成保护色，又可以像孔雀尾部一样作为求偶工具。三角龙头部尖角与颈盾的结合使它拥有完善的攻防机器，但这也让其脑袋十分沉重，估计有将近300千克。

三角龙

三角龙的近亲——开角龙

开角龙的外观和三角龙极为相似，但体形较小，而且还拥有比三角龙更夸张华丽的颈部盾板。它的颈盾不是一整块的盾形，其盾板是中空的，在靠近边缘的地方有着大大小小的许多孔洞。这种构造使开角龙的头部重量减轻了，活动起来更加轻松快捷，因而虽然它的大小像犀牛，却能跑得像马一样快。除带孔的颈盾外，开角龙也有三只角，鼻子上方的一只较短，眼睛上方的两只又尖又长。

开角龙

三角龙的生活形态

三角龙和暴龙生活在同一时期的同一地区，所以两者之间可能曾经进行过无数场激烈的战争。它们的关系就像是现在非洲的狮子和野牛群一样。当三角龙群遇到暴龙时，它们可能会像野牛一样把老弱病残圈在中间，然后强壮的头朝外围成一圈，组成一道铜墙铁壁，而且当它们低头显露长矛般的角，以近6吨的体重，时速35千米的高速突击时，暴龙是绝对阻拦不住的。

三角龙头朝外围成一圈时，凶猛的暴龙也无从下手。

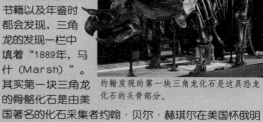

三角龙的发现者

当我们打开有关恐龙的权威书籍以及年鉴时都会发现，三角龙的发现一栏中填着"1889年，马什（Marsh）"。其实第一块三角龙的骨骼化石是由美国著名的化石采集者约翰·贝尔·赫琪尔在美国怀俄明州发现的。只不过因为当时他一直为马什工作，搜集到的化石都归马什，所以三角龙的发现者就定为马什了。

约翰发现的第一块三角龙化石是这具恐龙化石的头骨部分。

棱背龙

—— 原始的装甲恐龙 ——

棱背龙

棱背龙又被称为踝龙，全长4米，身体大约有一只犀牛那样大。四肢粗短，躯体滚圆，脑袋很小，显得迟钝笨拙，只能利用装甲来保护自己免受侏罗纪时期已广泛分布的肉食性恐龙的袭击。古生物学家一直认为棱背龙是后来各种甲龙的祖先，只是后来的甲龙身上的护甲更坚硬，更难以攻克。

X档案	
姓名：棱背龙	
家族：甲龙类	
时代：侏罗纪早期	
身长：4米	
体重：不详	
分布：美国亚利桑那州，英国多塞特，中国西藏	

棱背龙的外形

棱背龙的头部较小，而颈部则相对较长。它的全身长有数排骨质突起，也许这些骨质突起上还覆有角质层，它们保护着棱背龙身体的各个部位不受侵犯。棱背龙的四肢很健壮，承受着全身的重量，前肢略短于后肢，前肢的掌部宽大、强健，并生有蹄状的爪，后肢的掌部较长，有三根长趾和一根短趾，趾头可能有肉垫。棱背龙习惯于四足行走，整个身体的最高点在臀部。

习惯四足行走的棱背龙

皮肤

从棱背龙的皮肤印痕化石上可以看出，其外皮上覆盖着一排排的骨质突起，在这些骨质突起之间又有许多圆形的小粒鳞片。它的颈部和背上还有一些低平的小型骨板，像是剑龙骨板的雏形。另外，棱背龙的腹部也都覆盖着鳞片。这种防护措施把它全身保护得很好，这个时期的肉食性恐龙虽然分布广泛，但也无法伤害到棱背龙。

棱背龙的皮肤复原图

棱背龙的生活形态

　　有一些棱背龙化石是从海相沉积岩中挖掘出来的，这引发了古生物学家对于棱背龙可能是一种两栖类动物的猜测。不过更多的古生物学家认为，棱背龙可能生活在河岸边，在偶尔的情况下，因河水暴涨而被淹死，最后被冲入到海中并被泥沙掩埋起来成为化石。棱背龙生活的地区曾经森林茂密。它用它的窄喙切剪下树上的嫩叶和多汁的果实，然后通过上下颌的简单运动咀嚼食物。它身上厚厚的甲板，以及甲板上均匀密布的一排排尖刺，使那些想吃它的恐龙不那么容易伤害到它。

棱背龙可能在水边生活。

米莫奥拉龙是覆盾甲类成员之一。

覆盾甲类恐龙

　　因为剑龙类和甲龙类都长有十分明显的带防卫性的骨钉和骨板，所以人们把这两类恐龙又合称为覆盾甲类恐龙。棱背龙和小盾龙便是早期的覆盾甲类，这两种恐龙体形较小，活动灵活，身上只有成列的小型骨板和骨钉。但是它们的后代却进化成为了像剑龙和甲龙那样身躯庞大、行动缓慢的恐龙。这一类恐龙身上的骨板是为适应环境而产生的，而且随着不断进化，这些骨板也越来越大。

小盾龙

棱背龙的亲戚——小盾龙

　　小盾龙和棱背龙都属于早期的鸟臀目恐龙，它们与甲龙和剑龙的祖先血缘关系相近。小盾龙全长1.2米，尾巴长0.7米，臀部高约0.3米。它四肢均衡，体形小巧，不仅灵活善跑，身上还有轻型装甲，从头颅到尾尖有一排锯齿般的背脊，整个背部及身体两侧有多排平行骨突。在遇到敌害袭击时，它会立即蜷起身体，使骨甲朝外，形成一个刺球，让那些肉食性恐龙无从下口。

剑龙

最笨的恐龙

剑龙是剑龙类恐龙中体形最大的成员，是一种行动迟缓的草食性恐龙。它出现于侏罗纪中期，繁盛于侏罗纪晚期，到白垩纪早期就灭绝了，在地球上生存了一亿多年。它的身长与非洲大象差不多，头部却小得出奇，是现在已知恐龙中头部相对最小的。所以，剑龙应该是一种不太聪明的恐龙。

X档案	
姓名：	剑龙
家族：	剑龙类
时代：	侏罗纪中期~白垩纪早期
身长：	9米
体重：	2吨
分布：	美国科罗拉多州、犹他州、怀俄明州

剑龙

剑龙的臀部明显高于其他部位。

剑龙的外形

剑龙在外形上最大的特征就是，从它的颈部沿背脊直至尾巴中部，排列着两排三角形的板块，它尾巴的尖端还有骨钉，这些骨钉有1.2米长。骨板和骨钉都是它的自卫武器。剑龙的前肢比后肢短，所以它的全身明显前倾，臀部的位置非常高而肩部却非常低平。剑龙的前肢上有五个指，而后肢只有三个脚趾，前肢和后肢的部分指（趾）头上长着蹄状的指（趾）甲。

头部

剑龙的头部非常狭长，而且很扁。它长着一个像鸟嘴一样的尖喙，喙部有角质层覆盖，喙的前部没有牙齿，但喙的两侧有些小牙，这些颊齿的牙冠前后有锯齿边缘，这种结构能够帮助剑龙将吃进的食物进行充分的咀嚼。古生物学家对剑龙的头部研究后发现，剑龙的大脑只有一个核桃般大小，由此可推知，剑龙是一种很笨的恐龙。

骨板

　　不少人认为，剑龙背上两排大大的骨板是用来调节体温的，因为这些骨板的表面可能分布着脉络沟，而且骨板内部有许多孔可以通过控制血液的流量来调节体温。但最近的研究表明，剑龙的骨板并不具备这种功效。美国的化石研究者指出，剑龙的骨板只不过是为了防御而演化而来的，这是它的自卫武器。这种结构与甲龙、乌龟、犰狳等动物的甲，甚至鱼的鳞片是一样的。除此之外，这些骨板可能帮助剑龙在种群内部互相识别对方。

剑龙的骨板化石

剑龙觅食

　　最初有一种说法认为，剑龙可能只吃柔软的植物，因为它的牙齿不够强壮。但这种说法已经受到了质疑。有的古生物学家指出，剑龙狭窄的喙部使它不必像鸭嘴龙那样对植物"来者不拒"，它可以挑选自己喜爱的植物，比如像蕨类的果实和苏铁的花。剑龙还可以把身体直立起来去采食高处的植物。

剑龙是一种比较挑食的恐龙。

剑龙的生活形态

　　剑龙是一种身躯庞大的四足行走的草食性恐龙。有化石证据显示，它生活在平原上，以群体游牧的方式和其他草食性恐龙一同生活。雄性剑龙在互相竞争时可能会拿它们背后的骨板相互炫耀。当然，在遭受捕食者攻击时，这两排骨板是它最好的防御武器。它会把身体转到某个适当的位置，使足以保护它整个身躯的两排骨板指向进攻者。此外，它还会挥动尾巴，利用尾巴上的骨钉来击打来犯之敌。

剑龙的性情非常温驯。

敏迷龙

——消极的反抗者——

敏迷龙是在南半球发现的第一条甲龙，它的骨骼化石是1964年在澳大利亚昆士兰州南部一个叫敏迷的交叉路口附近首先发现的。不过那次发现的只是敏迷龙的几节椎骨，而真正几乎完整的骨骼是1990年在昆士兰中部发现的。因为以前发现的甲龙类化石主要集中在中国、蒙古、美国以及俄罗斯等北半球国家和地区，所以，在南半球的昆士兰出土了如此完整的甲龙化石实属罕见。

X档案	
姓名：	敏迷龙
家族：	甲龙类
时代：	白垩纪中期
身长：	3米
体重：	不详
分布：	澳大利亚昆士兰

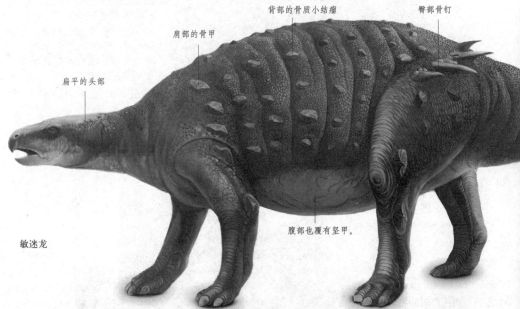

扁平的头部

肩部的骨甲

背部的骨质小结瘤

臀部骨钉

敏迷龙

腹部也覆有坚甲。

敏迷龙的外形

　　敏迷龙整个头部就像一个箱子，前端有角状的喙嘴，从侧面看则与乌龟的头有点类似。敏迷龙的身体各个部位几乎都覆有甲片以保护它自己：它的背部有瘤状物的鳞甲保护背部与两侧上方，而分布在颈部的骨甲要比背部上的骨甲要大；柔软的腹部上覆盖着由很小的盾甲组成的坚甲；就连它的四肢上也有这样的鳞甲保护；敏迷龙臀部上的骨板扁平尖锐；其尾巴上也有两排骨板，这些骨板的形状呈三角形。

现代龟类的头部与敏迷龙的头部有几分相似。

敏迷龙的骨架

目前为止，古生物学家只发现过两具敏迷龙的骨架化石，1964年发现的那具骨架较为凌乱，而且还缺少很多部分。而1990年发现的第二具骨架则给研究工作带来了希望，正是通过对这具化石的研究，古生物学家才对敏迷龙有了更进一步的了解。通过对这两具敏迷龙化石的研究，研究者发现，敏迷龙的头部由前到后逐渐变宽，背上还有数排骨板。

敏迷龙的生活形态

敏迷龙是草食性恐龙，习惯四足行走，其前肢和后肢几乎一样长，所以当它四肢着地时，整个背部基本保持水平状态。在敏迷龙遇到肉食性恐龙时，它身体上覆盖着的那层坚甲能使它减少受攻击的危险，而且即使肉食性恐龙把它打倒在地

敏迷龙在草地上觅食。

上，去咬食它时，也要考虑一下牙齿因此而被敏迷龙的坚甲碰断的可能性。不过，敏迷龙可能会采取逃避的方式来作消极反抗，这点可能是敏迷龙在生活形态上最显著的特征。

敏迷龙的归属

目前敏迷龙的分类还不是十分确定，根据前后发现的两具敏迷龙骨架化石，古生物学家可以确定它披有骨板，长有骨钉，四足行走，以叶状小牙啃食植物。而且因为没有发现尾锤，所以古生物学家们把它归入甲龙类的结节龙科。但现在根据它的其他特征，有的古生物学家认为它可能是一种原始的甲龙类，或者可能属于甲龙类中结节龙科和甲龙科之外新的单独的一个科。

名字最短的恐龙

在寐龙发现之前，敏迷龙的拉丁文学名"Minmi"曾是所有恐龙的学名中最短的，不过，2004年我国的古生物学家徐星等人在辽宁省北票市发现了一种新的恐龙物种的化石，这是第一只被发现死前处于睡眠状态的恐龙的化石。徐星教授将这个新发现的恐龙物种命名为寐龙，即"Mei"。这样它便抢了敏迷龙的"学名最短的恐龙"的头衔。

敏迷龙的骨板发育得并不完全。

埃德蒙顿甲龙

—— 长有颈部骨板的恐龙 ——

埃德蒙顿甲龙

从已经发现的几块几乎完整的骨骼化石来看，埃德蒙顿甲龙的体格比现在最大的犀牛还要健壮，其体重约为犀牛的两倍。它有一个很小的头，庞大的身体上覆盖着大块的骨板，体侧长有大型骨刺。当遇到阿尔伯塔龙这样的捕食者时，它为了自卫或保护自己的孩子，也可能会向这些大型肉食性恐龙发起冲击。

X档案	
姓名：埃德蒙顿甲龙	
家族：甲龙类	
时代：白垩纪末期	
身长：7米	
体重：4吨	
分布：加拿大艾伯塔省，美国蒙大拿州、得克萨斯州	

埃德蒙顿甲龙的外形

埃德蒙顿甲龙的整个身体从头部往臀部越来越宽，身上还披着一层重重的钉状和块状甲板。它的脖子和头骨上也有骨板，两块连接头和脊椎的椎骨融为一体，这意味着埃德蒙顿甲龙很难扭动它的脖子。它的身体两侧还各长着几对很尖锐的骨质刺。它的四肢十分粗壮，从而能有力地支撑着它宽阔而又扁平的身体。不过，它的尾部没有包头龙那样的尾锤。

埃德蒙顿甲龙全身的护甲为它提供了周全的保护。

颈部骨板

图中的骨板是埃德蒙顿甲龙颈部上的最大两块骨板。

除了背部的骨板外，埃德蒙顿甲龙的颈部上也长有骨板，从颈部前端到肩部总共有三排，最后面的两块骨板是三排颈部骨板中最大的。据推测，其颈部骨板的表面可能曾包着一层角质。它的这些骨板像是围护在柔软颈部上的坚硬盾牌，当阿尔伯塔龙试图用尖牙咬住埃德蒙顿甲龙的颈部时，颈部的骨板便提供了有效的防护。埃德蒙顿龙的肩部还有可怕的骨钉，这也能保护它的颈部。

牙齿

尽管埃德蒙顿甲龙生活在白垩纪末期，应该说比大多数鸟臀目恐龙都要进化一些，但它的牙齿却比较原始，而且牙齿与牙齿之间互不相连。它的颊齿从正面看，牙冠呈叶状，中间还有脊状突起，牙齿的两面都有牙釉质的保护，能够抗磨损。埃德蒙顿甲龙的牙齿从牙冠到牙根长约4厘米，这在甲龙类结节龙科恐龙中算是比较小的，但相对于那些甲龙科恐龙而言却要大得多。

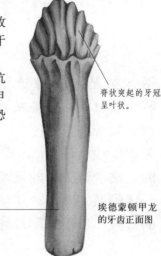

脊状突起的牙冠呈叶状。

牙根部分较长。

埃德蒙顿甲龙的牙齿正面图

自卫

以前不少人认为由于埃德蒙顿甲龙的肚子柔软无甲，所以它可能匍匐在地上，把自己蜷成一团，一直到掠食者走开为止。其实更可能的情况是，埃德蒙顿甲龙遇到敌人时不会一味地躲闪，而是采取一种积极的自卫方式，它会往前冲向打算袭击它的肉食性恐龙，用身体两侧及肩上的骨钉去刺袭击者。

这是阿尔伯塔龙的下颌骨，阿尔伯塔龙正是埃德蒙顿甲龙的天敌。

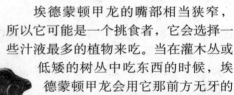

埃德蒙顿甲龙带着小恐龙开始寻找多汁的植物。

埃德蒙顿甲龙的生活形态

埃德蒙顿甲龙的嘴部相当狭窄，所以它可能是一个挑食者，它会选择一些汁液最多的植物来吃。当在灌木丛或低矮的树丛中吃东西的时候，埃德蒙顿甲龙会用它那前方无牙的喙部把嫩树叶叼下，然后再依靠大嘴深处的颊齿把叼下来的食物嚼烂。不过到了旱季，埃德蒙顿甲龙喜爱吃的植物枯死之后，它也可能会去啃食树皮或者坚韧的灌木。一旦有肉食性恐龙想以它为食时，埃德蒙顿甲龙身体两侧以及肩上的尖刺就成为它最好的武器。

包头龙

—— 全副武装的恐龙 ——

甲龙类是一些身披重甲的草食性恐龙，而其中的包头龙更是发展到连眼睑上都披有了甲板，真正地将整个头部都包裹起来，它的学名"Euoplocephalus"也正是根据这个原因取的。这种坦克似的恐龙的头颅表面长有融合成一体的系列鳞甲，身体覆盖着扁平且相互交错的骨板，骨板向尾后缩小以尾锤结束。

包头龙

X档案	
姓名：	包头龙
家族：	甲龙类
时代：	白垩纪末期
身长：	7米
体重：	2吨
分布：	加拿大艾伯塔省，美国蒙大拿州

包头龙的外形

包头龙的身体应该是平阔而呈水桶状，这样才能装下它大而复杂的消化系统。它的全身披有骨甲，连眼睑上也有像遮板一样的活动骨甲，保护易受攻击的眼睛。在它的脖子上，是平阔的骨质硬板。再往后，肩膀由锥状的骨板保护。而且这些骨板上可能都覆盖着角质。平阔的背部由很多细骨突和圆板镶嵌保护着。包头龙的尾巴硬直，像一根坚硬的棍子，尾尖上还有一个沉重的大骨锤。

包头龙全身的装备能使它减少受攻击的机会。

身体内部

包头龙的肩胛骨

包头龙有着长而回旋的肠子，它能很好地吸收掉食物中的养分。它的肩胛骨十分粗大，与肩胛骨相连的肱骨也十分强壮，并且有突脊，由此可以想像出，其附着在髂骨上的前肢肌肉应该是强健有力的。它的髂骨呈棚架状，比较宽阔，附着在髂骨上的肌肉能够带动后肢，还能够牵引尾巴、甩动尾锤。至于包头龙的心脏、肺等内脏，则由粗壮而弯曲的肋骨包着。

尾巴

　　包头龙的尾巴是它的自卫武器。由于它的尾骨由肌腱绑束在一起，所以尾巴的大部分是硬挺的，只有尾巴基部的关节非常灵活，也正是这灵活的尾巴基部才能使它能自由地甩动尾巴末端的尾锤去击打敌人。包头龙的这个尾锤由10块分叉的尾椎骨组成，从它的尾锤化石我们可以看出，其形状是在两个圆球中间还有一个半圆形的球体。包头龙或许可以利用它的尾锤击倒比它的体形大得多的大型肉食性恐龙。

包头龙的尾锤

当有敌人来犯时，包头龙会利用它的尾　锤给敌人狠狠地一击。

包头龙的生活形态

　　包头龙是北美洲西部森林中孤独的行动者，一般都是单独活动，不会聚集成群。它也是一种典型的草食性恐龙，而且并不怎么挑食，它水桶般的身躯里装着结构复杂的消化系统，可以帮它慢慢消化食物。包头龙不会对其他恐龙发起主动攻击，它身上的骨甲和尾巴上的尾锤不过是它的防身武器而已。当遇到肉食性恐龙时，它能够轻巧地躲开肉食恐龙的侧面攻击，但是如果肉食恐龙把它的身体翻过来，让柔软的腹部朝上时，那么它就可能成为那些肉食性恐龙的美食了。

篮尾龙

包头龙的亲戚——篮尾龙

　　篮尾龙与包头龙一样，属于甲龙家族。它生活在白垩纪末期，身长为4.5～6米，体重为2吨，其化石是在蒙古发现的。和包头龙一样，它的身上也长有骨质棘刺，尾巴末端长有骨质尾锤，只不过它的体长要比包头龙略短，也显得更加细长，速度和防御性都相应有所增加增强。篮尾龙身上的骨头大约有700块之多，比人类要多大约500块。

肿头龙

最丑的恐龙

肿头龙类恐龙在恐龙大家族中只能算是中小型恐龙，不过，其中最大的品种身长也有7.5米左右。其身躯跟一般的两足行走的草食性恐龙大致相似，但其头部的构造可就大不相同了。它的这个大头里差不多全是骨头，它头颅的顶部非常厚并扩大成了一个突出的圆顶，这样厚的头骨使它的头颅变得极其坚硬。

雄性肿头龙互相碰撞时，会凭借自己厚重多骨的脑袋战胜对手。

X档案

姓名：	肿头龙
家族：	肿头龙类
时代：	白垩纪末期
身长：	4.6米
体重：	1.5吨
分布：	美国蒙大拿州、南达科塔州、怀俄明州

肿头龙的外形

因为目前只发现了肿头龙的头骨，所以对肿头龙的外形的描绘都是根据已知的其他肿头龙类推测出来的。肿头龙头的周围和鼻尖上布满了骨质小瘤，有的个体头部后方有大而锐利的刺。它的牙齿很小但很锐利，可是据推测，其摄取的食物应是植物的叶子和种子而不是肉类。它应该具有相当短而厚实的颈部，前肢短后肢长，身躯不太大，坚硬的骨质尾巴由肌腱固定，可能十分沉重。

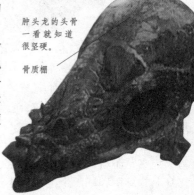

肿头龙的头骨一看就知道很坚硬。

骨质棚

骨质棚

肿头龙的颅骨后面有一个突出的骨质棚，厚度约为25厘米，形状看起来就像一个保龄球。古生物学家猜测，肿头龙正是利用这儿进行碰撞的，不过此处可碰撞的部位很小，容易发生危险，尤其是脖子很容易侧向扭伤。此外，肿头龙相互碰撞时，这个骨质棚可能会把碰撞带来的震荡通过神经传到全身，避免头部的伤害。这样的特征同样表现在其他肿头龙类如平头龙、冥河龙等身上，只是各自的骨质棚厚度不同而已。

准备向对手发起冲击的肿头龙

当肿头龙无法逃脱掠食者时，也只能以头相撞作最后一搏了。

肿头龙的生活形态

肿头龙可能喜欢过群体生活，成年的雄性肿头龙之间会像现在的山羊一样，彼此之间通过撞头以决定谁是群体的领袖。在繁殖季节时，它们也以这种方式来决出胜者，获胜方可以与群体中的雌性肿头龙进行交配。不过肿头龙的厚头部并不能帮助它抵抗掠食者的袭击，在它活动时，一旦它敏锐的嗅觉和视觉提醒它有肉食性恐龙靠近，肿头龙立刻会快速地逃离到安全地带。

肿头龙的食物

目前，人们还无法确定肿头龙到底吃些什么食物，因为与同时代的鸭嘴龙类恐龙和角龙类恐龙不同的是，它的牙齿小而有脊，这样的牙齿不能够嚼烂纤维丰富的坚韧植物。所以肿头龙的食谱上可能包括了这样一些食物种类，如植物的种子、果实和柔软的叶子，甚至当时的昆虫也可能是它的食物之一。

正在进食的肿头龙

肿头龙的亲戚——冥河龙

冥河龙的化石是1983年在美国蒙大拿州的地狱溪发现的。据推测，这只冥河龙的身长约2.4米，冥河龙是一种头颅顶部、后部与口鼻部有非常发达的骨质突起的神秘恐龙。在全部化石记录中，冥河龙那繁多的精巧而复杂的头饰使它的相貌在肿头龙类乃至全部恐龙中都是最面目狰狞的。异常厚实的头颅表明，冥河龙在肿头龙类中是比较进步的种类，因为它的头颅骨板已经往更厚实的方向发展，这正是肿头龙类的进化方向。目前，人们只发现了五具冥河龙的头骨，以及一些零零碎碎的身躯遗骸。

冥河龙的头有一个足球大小，周围还布满了尖刺，看起来很恐怖，但它只是一只温驯的草食性恐龙。

第四章　其他古生物

在恐龙生活的年代，甚至更久远的年代里就已经有了恐龙之外的其他古生物，最早的生物的活动范围仅限于海洋，但随着时间的推移，有些动物爬上了陆地并开始慢慢适应陆上生活。在中生代时期，爬行动物更是成功地占据了海陆空，除了生活在陆地上的恐龙之外，还有会飞的翼龙和会游泳的鱼龙等爬行动物。当然我们哺乳动物的祖先也在这些称霸地球的爬行动物的眼皮下悄悄地发展着。所有的这些古生物在漫长的进化过程中，身体结构都发生了很大的变化，经历了从低等到高等、从简单到复杂的演变过程。虽然大多古生物已经灭绝了，但也有不少躲过了各个时期的灭绝事件，成功地生存到了现在。

三叶虫

—— 最早的节肢动物 ——

三叶虫是地球上最早出现的节肢动物，在动物分类学上，它属于节肢动物门三叶虫纲。它生活在远古的海洋中，主要出现在寒武纪，延续到二叠纪末期时才灭绝。三叶虫既会游泳，又善于爬行，所以从海底到海面，到处都是它的势力范围。三叶虫食谱很广，从藻类植物到原生动物、海绵动物、腔肠动物等，都会成为它的食物。

三叶虫的进化过程

寒武纪三叶虫

奥陶纪三叶虫

志留纪三叶虫

泥盆纪三叶虫

X档案
姓名：奇异虫
家族：三叶虫
时代：寒武纪
身长：15厘米
体重：不详
分布：捷克

奇异虫，生活于寒武纪时期，本化石产于捷克。

三叶虫的外形

　　三叶虫的身体分为头部、胸部和尾部三个部分。其背面的甲壳坚硬，正中突起，两肋低平，形成纵列的三部分，三叶虫的名字正是源自于此。它的头部覆盖有硬甲，即头甲，头甲的中轴部分两侧有面颊及很发达的眼睛。三叶虫的胸甲由许多形状相似的胸节组成，这些胸节相互衔接。它的尾甲则是由若干体节融合而成的，一般都是半圆形的。三叶虫包括了奇异虫、德阿隐头虫、彗星虫和宽钝虫等品种。

德阿隐头虫，生活于志留纪时期，本化石产于美国。

三叶虫的生活形态

　　三叶虫化石常常与珊瑚、腕足动物、头足动物的化石共同出现，这表明它与这些动物一样，都喜欢生活在比较温暖的浅海地区。三叶虫具有很好的适应环境的生存方式，它不遵循着单一的生活模式，有些种类喜欢游泳，有些种类喜欢在水面上漂浮，有些喜欢在海底爬行，还有些习惯于钻在泥沙中生活，它们占据了不同的生存空间。从寒武纪以后，三叶虫的数量开始逐渐减少，直到二叠纪时整个三叶虫家族才最终灭绝。

自卫

　　三叶虫的胸节可以活动，并有弯曲的功能，一旦有凶猛的动物如鹦鹉螺类，向它摆出进攻的架势时，它就能依靠这些活动的胸节把身体蜷起，像穿山甲那样把自己保护起来，悄悄沉入海底。大多数三叶虫的背面硬而光滑，但古生物学家发现，有些种类的背甲上长有小瘤或小结节。这些小瘤和小结节与背甲上的颊刺、肋刺、尾刺一起，构成了复杂的防护"盔甲"，所以，当时海洋中那些比三叶虫强悍的动物，也要思量再三，不敢随随便便地去冒犯它们。

彗星虫，生活于志留纪时期，本化石产于英国，其头胸部有许多刺状突起。

无脊椎动物

　　无脊椎动物是没有脊椎骨的动物，又称为低等动物，属于最简单的动物形式，它们身体没有明显的左右之分。无脊椎动物在数量上占了现有动物的一大半，主要的类别有棘皮动物、软体动物、腔肠动物、原生动物、节肢动物、海绵动物、线形动物等。水母等刺细胞动物类群属于比较原始的无脊椎动物，而三叶虫则在寒武纪时已进化出了坚硬的甲壳。

水母是无脊椎动物的典型代表。

三叶虫的发育

　　三叶虫为雌雄异体，卵生。它在一生的发育中要经过多次的蜕壳，才能最终长成成虫。幼年期的三叶虫除身体很小外，头部与尾部区分不太明显，而且没有胸节，虫体呈圆球状。以后，随着三叶虫不断生长，胸节逐渐增加，当胸节全部长到不再增加时就进入成年期，此时意味着三叶虫已达到性成熟阶段，能够生儿育女了。三叶虫每蜕一次壳，身体都会增大，壳上的刺、瘤，甚至尾甲的分节数也会增加。

宽钝虫，生活于寒武纪时期，本化石产于美国。左图为幼虫，右图为成虫，成虫的头胸部少一部分。

早期昆虫

—— 生活在远古时期的昆虫

人类在地球上生存的历史，约有300多万年了。但是早在3.5亿年前的古生代泥盆纪，昆虫就已出现在地球上，并由此揭开了它们在地球上演变、发展和生活的序幕。泥盆纪早期的昆虫是没有翅膀的，一直到了石炭纪晚期，多数昆虫才长有翅膀，这是最早进化为具有飞行能力的动物。

巨尾蜻蜓

二叠纪的原蜻蜓是巨尾蜻蜓的同类。

巨尾蜻蜓生存于3亿年前的古生代石炭纪，学名为"Meganeuramonyi"。它是一种原始而庞大的蜻蜓，其双翼展开时宽达70厘米，而如今的蜻蜓，双翼展开仅仅为12厘米左右。巨尾蜻蜓的眼睛呈多镜面结构，而且可以自由转动，这种构造使得它的视觉极为敏锐，便于发现其他昆虫，寻找猎物。巨尾蜻蜓的腿部也比现在的蜻蜓要强壮得多，在飞行过程中，它能够依靠它的腿部捕捉昆虫并将其送入口中。

蜚蠊

蜚蠊俗称蟑螂，是世界上最古老、繁衍最成功的一个昆虫类群。据我国的古生物学家研究发现，蜚蠊的化石占已出土的昆虫化石的50%，不但数量很多，而且种类非常丰富，年代也十分久远。蜚蠊最早出现于石炭纪晚期，距今约3亿年，是现在蟑螂的祖先，体长约5厘米。石炭纪时期的蜚蠊和现在的蟑螂一样，都长有大型头甲、弯曲的长触须和可以折拢的翅膀。蜚蠊的主要栖息地是今北美和欧洲的温暖的沼泽林地区，它们几乎什么都吃。到侏罗纪时期，已带有产卵管的蜚蠊会将卵产于树干中或土中，以保证卵的干燥性。

X档案	
姓名：	巨尾蜻蜓
家族：	昆虫类
时代：	石炭纪晚期
翼展：	70厘米
体重：	不详
分布：	欧洲

蜚蠊的化石

蜚蠊的复原图

巨尾蜻蜓

中白虫

　　中白虫是一种水生昆虫，分布在侏罗纪早期的亚洲。这种远古的昆虫可能是现今石蝇的祖先。现在的石蝇有可以折叠的两对翅膀，古生物学家认为，这两对翅膀可能是中白虫后肢上的大型腮板进化而来的。中白虫这样的水生昆虫的化石非常不易形成，但古生物学家们还是幸运地发现了中白虫的幼虫化石，而且其细小的腿部都保存得很完整，所以研究人员推测，这只幼虫可能死后很迅速地被湖水沉积掩埋，因而不易保存的腿也较好地被保存了下来。

石炭纪时期的地球非常适宜昆虫生活。

早期昆虫的生活环境

　　古生代的石炭纪中期是昆虫演变最快的时期，许多不同形状的昆虫相继出现，这与当时的自然环境有着极度密切的关系。石炭纪时期，大自然中的森林树木已生长得枝繁叶茂，郁郁葱葱，而且供给植物水分的沼泽、湖泊广大而又繁多，这就为昆虫的生存和繁衍提供了极为优越的环境和食物。

水龟虫

巨尾蜻蜓栖息在植物上。

水龟虫

　　水龟虫属于鞘翅目，水龟虫科（又称为牙甲科），目前已知的约有2000种。其体态呈流线型，背腹面拱起，其体色近于黑色，腹面较平，多数种类的胸部腹面有一个粗而直的针刺，贴在胸部腹面向后伸着，下颚须长，与触角等长或更长，它的触角可能起到帮助呼吸的作用。这种硬壳虫善于在水中物体上爬行，当它游向水面时，经常在水面上打转。它生活在上新世到全新世的北美洲和欧洲等地，但和水龟虫外形构造类似的甲虫在2.5亿年前的二叠纪就出现了。

菊石和箭石

以头为足的动物

菊石和箭石都属于头足类动物，它们留下了众多的化石，中生代的菊石的化石数量更是非常庞大。这两类动物都栖居在海里，依靠向外喷水推动自己前进。菊石的侧面平坦，壳体呈厚饼状，半外卷。箭石的壳体都呈长形，并向末端削尖。通常情况下，一旦在某处发现了许多菊石化石，同样也可以找到箭石化石。

满布菊石的岩石

鹦鹉螺是菊石的祖先。

菊石

菊石目是从约4亿年前的泥盆纪早期的鹦鹉螺进化而来的，并一度在全世界的海洋里大量存在，直到白垩纪末突然消失。由于菊石具有进化快、分布广的特点，这就使其在细分古生代晚期和中生代时期上具有很高的参考价值。菊石的主要特征是其体管（与壳腔室相连接的管）的位置是在壳的外面。在古生代发现的菊石的骨缝是单一的，而在中生代发现的则是复合的，棘菊石便是中生代时期菊石的典型代表，其壳为内旋结构，核心很小。壳阶部分为长方形，腹扁平，侧面有长短交替的肋骨。

菊石外壳

菊石的体外有一个硬壳，不同种类的菊石大小差别很大，壳为几厘米到十几厘米不等。菊石壳的形状也多种多样，有三角形的、锥形的和旋转形的等等，其中旋转形的壳占绝大多数。一般而言，菊石的外壳沿平面旋卷，呈盘状，两面对称，壳中部多有脐，壳表面光滑或具有细的生长线，其缝合线奇特美丽。它的壳体结构复杂，既有软体的居住处所，又有容纳液体和气的室。另外，其口部有盖，软体缩入后，能自动关闭门户，躲避敌害。

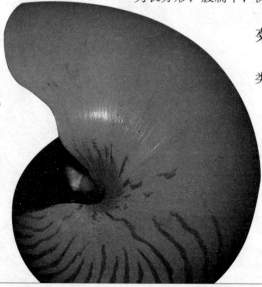

箭石

　　箭石生活在中生代侏罗纪到白垩纪时期，今天的欧洲是它主要的分布地区。箭石的身体较长，眼睛较大，整体外形类似现在的枪乌贼。它长有大约10只触手，这些触手从头部末端伸出，并且全部带有吸盆和钩。箭石可以利用这些触手抓取海洋中的小型生物作为其食物。它身体前端的两侧长有翼状的鳍，这些鳍能帮助它控制前进的方向并慢慢地游动。但当遇到危险时，箭石就不能依靠鳍逃命，而只能靠向外喷射水柱推动自己快速前进以摆脱危险。

枪乌贼的外形与远古的箭石有几分相似。

箭石家族

　　箭石目下包括了圆柱箭石、前箭石、箭乌贼等不同的科。其中圆柱箭石是箭石家族中体形最大的一科，其长度能达到25厘米。它生活在侏罗纪中晚期的近海深处，分布在现在的欧洲和北美洲等地，其锥体由后往前逐渐削尖。前箭石的数量很多，生活在白垩纪中期温暖的近海，以捕捉小猎物为食，在世界各地都能发现它的化石。这种小箭石的护甲细长呈纺锤状，并以半透明琥珀色石灰保存下来。

头足类动物

　　菊石和箭石都属于头足类动物。头足类动物是高等的海生软体动物，它以头为足，并以此捕食和向外喷水推动自己前进。这类动物在寒武纪晚期出现时全为鹦鹉螺类，到奥陶纪时迅速发展，达到了全盛时期。古生代晚期至中生代时期，以菊石亚纲和箭石目为主。随着中生代的结束，繁荣一时的菊石类和箭石目也随着绝迹，目前存在的头足类还有章鱼、鹦鹉螺等。

菊石的外壳

圆柱箭石

章鱼是现在典型的头足类动物。

早期鱼类

—— 最古老的脊椎动物 ——

种类繁多的鱼是经过漫长的时期演化而来的。

在生物学上，鱼类被分为三大纲：一是圆口纲，是最原始的鱼类，它们骨骼全为软骨质，没有上下颌，现存种类也不多；二是软骨鱼纲，是一群内骨骼全为软骨的鱼类，具有上下颌，头侧有鳃裂5～7个；三是硬骨鱼纲，是一种能适应各种环境生活的鱼类，无论雪山溪流、江河大海、地下溶洞，还是湖泊池塘，都有这一类鱼的分布。

无颌鱼

无颌鱼是最早出现的原始鱼类，属于早期的脊椎动物。它在寒武纪时就已经出现，到泥盆纪时达到了繁盛时期，该时期各种各样的无颌鱼类脊椎动物的化石在世界各地都有发现。无颌鱼没有上下颌骨，作为取食器官的口不能有效地张合，只能靠吮吸进食，甚至仅靠水的自然流动将食物送进嘴里食用。此外，它的鳍并不成对，中轴骨骼还只是软骨质而不是真正的骨质。

其身体前部的体表具有骨板或鳞甲，因此又被称为甲胄鱼类。

无颌鱼化石

盾皮鱼

盾皮鱼是介于无颌鱼和真正鱼类之间的一个庞杂的类群，据推测其骨骼可能也为软骨质。这种鱼类几乎都仅存活于泥盆纪，但其种类相当多，是泥盆纪时最占优势的脊椎动物，邓氏鱼便是其中的典型代表，这种盾皮鱼几乎什么都吃，包括自己的同类。盾皮鱼的种类之间大小相差悬殊，大者可达5米，而小者仅几厘米。它身体的前部也有保护身体的骨甲，不过这些骨甲分成几块，而且彼此之间能够活动，这样就使盾皮鱼比无颌鱼在行动上要灵活得多。

X档案

姓名：	邓氏鱼
家族：	鱼类
时代：	泥盆纪晚期
身长：	5米
体重：	不详
分布：	欧洲、非洲、北美洲

软骨鱼

　　软骨鱼都生活在海中，而且身体大多比较庞大，其中巨大的鲨鱼体长可达15米，但是也有某些软骨鱼体长仅仅30厘米。大多数软骨鱼都是活跃的捕食者，其中鲨鱼在4亿多年来一直是海洋中顶级的掠食性动物之一。软骨鱼具有流线型的身体，上面覆盖着像砂纸一样的粗糙皮肤。当它们在水中游动时，张开大嘴，就会吞下数量众多的浮游生物，或者能一口咬住一个较大的猎物。有的软骨鱼会产卵，但大部分种类的软骨鱼直接生下幼鱼，为卵胎生。

鲨鱼是软骨鱼的典型代表。

硬骨鱼

　　硬骨鱼类分为两大支：一支是辐鳍鱼类，辐鳍鱼是现生脊椎动物里数量最多且最具多样性的种类。最早的辐鳍鱼生存于4.1亿年前，有单一的背鳍和臀鳍，胸鳍腹鳍是成对的，骨骼大部分为硬骨。另一支是肉鳍鱼类，肉鳍鱼的鳍是从发达的肉叶中长出并由骨头强化而形成的，正是从肉鳍鱼类开始，才进化出来四肢动物的，目前存活下来的肉鳍鱼只有三种肺鱼和一种腔棘鱼。

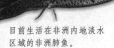

目前生活在非洲内地淡水区域的非洲肺鱼。

拉蒂迈鱼是现存的一种肉鳍鱼，被称为"活化石"。

软骨和硬骨

　　软骨是以糖、蛋白质为主要成分的组织，而硬骨则主要是由磷酸钙微晶组成的，但在生物学中只把硬骨称为"骨"。在脊椎动物中，外骨骼从一开始就是骨，如头骨在刚形成时就是硬骨。与此相反，内骨骼则是从软骨开始进化的，如脊椎骨及手足的骨骼，是先产生软骨，其后才逐渐转变成硬骨的。

邓氏鱼化石

邓氏鱼

早期两栖动物

——尝试上岸生活的动物——

现在生活在美国的黑斑虎纹钝口螈是早期两栖动物的后裔。

两栖类是由肉鳍鱼进化而来的。进入石炭纪后，两栖动物迅速分化，并在石炭纪和二叠纪达到极盛，这个时代也因此被称为两栖动物时代。这个时期的两栖动物多种多样，分别适应了不同的生存环境。与现在的两栖动物不同，这些早期的两栖动物身上多具有鳞甲。在古生代结束后，大多数原始两栖动物灭绝，而新型的两栖动物则开始出现。

X档案	
姓名：	鱼头螈
家族：	两栖类
时代：	石炭纪
身长：	1米
体重：	不详
分布：	英国

鱼头螈

鱼头螈生活在石炭纪时期，其化石产自英国格陵兰岛上的红砂岩中，体长约1米，头骨长约20厘米，头部高而窄，并有残余的鳃盖骨，身体表面有细小的鳞片，后部拖着一条鱼形的尾鳍。鱼头螈头骨的结构、牙齿的特征、脊椎的形态等都与肉鳍鱼很相似，但是它出现了四肢，脊椎上长出了关节突，肩部与头骨间也不再直接相连，这都显示其已能自由地活动，能适应陆地生活，所以鱼头螈是一类颇具代表性的从鱼类到两栖类的过渡型动物。

鱼头螈的尾鳍和鱼相似。

鱼头螈的复原图

始螈

始螈是在欧洲的石炭纪地层中发现的，其学名"Eogyrinus"的含义是两栖类的开端，因为它是最早的两栖类之一。始螈的体长约为4.5米，它长长的身体像现在的鳗鱼，而头骨形状则像鳄鱼，其生活习性也与鳄鱼颇为类似。古生物学家尚不确定它是否有四肢和指趾。生活在泥盆纪时期的变额螈、文达螈和欧伯泥盆螈可能是始螈这样的两栖类动物的祖先。

始螈习惯在浅水中觅食，还不太适应陆上生活。

盗首螈

盗首螈生活在二叠纪时期，其化石是在北美洲和北非地区被发现的。成年盗首螈的头颅是扁平的，呈镖形，头骨从顶盖部分向两侧生长，后端宽达40厘米，整个头骨的形状像一顶斗笠，因而其又被命名为笠头螈。盗首螈的下颌末端位于眼窝的后面，因而嘴的张口很小。它的身体也是扁平的，而且肢骨又小又弱。显然，这种动物很可能大部分时间都呆在小溪或池塘的水底。

呈镖形的扁平头部

盗首螈的颅骨和脊椎化石

长长的脊椎骨

三叠尾蛙

进入中生代后，现代类型的两栖动物才开始出现。现代类型的两栖动物身上光滑而没有鳞甲，皮肤裸露而湿润，布满黏液腺，被归入滑体亚纲。最早的滑体两栖类是出现在2.4亿年前的三叠纪时期的三叠尾蛙（Triadobatrachus），它已经与现代的蛙十分类似了，只是躯干部的脊椎骨数目较多，尾部仍由若干脊椎组成，而不是现生蛙类所特有的愈合为一根的尾杆骨。三叠尾蛙的皮肤可以像肺一样用来呼吸。它是原始青蛙的一种，整个身体有1.2米长，可能是原蛙类进化到现代青蛙的一个分支。

三叠尾蛙

现代两栖类

现代两栖类的物种与动物世界中的其他种类相比，其数量显得非常稀少，目前被正式确认的各类约为4350种，主要包括蛙类、蟾蜍、水螈、蝾螈以及人们还不太熟悉的蚓螈。它们的皮肤都光滑而又潮湿。大多数两栖动物以陆地生活为主，只有产卵时才回到水中，但仍有些两栖动物完全生活在水中。

现在生活在南美的白网雨蛙

爬行形类

―――― 与爬行类相似的动物类群 ――――

爬行形类与两栖类相比较而言，其骨骼更适合在陆地上生活。目前，古生物学家已经确认，爬行形类这一类群中至少有一些物种产下的幼体是直接生活在水中的。基本上，爬行形类动物都是以捕食节肢动物和小型的脊椎动物为生，但其中的阔齿龙却是典型的草食性动物。

X档案	
姓名：	阔齿龙
家族：	爬行形类
时代：	石炭纪～二叠纪早期
身长：	3米
体重：	不详
分布：	北美洲，欧洲

阔齿龙的骨架化石

阔齿龙

阔齿龙是与爬行类动物非常相似的一种动物，它曾被古生物学家归属到爬行类动物中，但后来发现它是两栖动物向爬行动物过渡的一个物种。阔齿龙是在石炭纪进化出来的，并一直生存繁衍到二叠纪早期，主要分布在北美洲和欧洲等地。它的门齿呈勺状，并向前突出，而后齿则类似白齿，有助于咀嚼，这些特点表明它属于草食性动物，并且是生活在陆地上的最早的草食性脊椎动物之一。

向前突起的门齿

指头前端圆钝

鱼类的鳃裂也像厚头似爬行一样是鳃孔的痕迹。

厚头似爬行属

厚头似爬行属生活在石炭纪早期，其化石是在今苏格兰地区发现的。这类动物体长约为2米，头部厚重而四肢纤细。以前也是被归属在爬行类里，但后来古生物学家发现它身上具有一些非常原始的特征，比如，在它的骨盆及肋骨后侧有突出的槽沟，这些槽沟可能是它的鳃孔。古生物学家推测，厚头似爬行属更像爬行形类动物，它可能生活在水中，它的主要食物是鱼类和其他的脊椎动物。

蜥螈

蜥螈同时具有两栖动物和爬行动物的特征，古生物学家也正在为它到底属于两栖动物还是爬行动物而争论不休。在本书中，我们暂且将它归属到爬行形类中。蜥螈身体上的骨骼表现出一系列与早期的爬行动物相像的进步特征，例如，它的脊椎骨的构成和形状、连接前肢与脊柱的肩部中的锁间骨以及肱骨都与爬行动物相似。但是，从头骨与牙齿的特征来看，确实又不能把蜥螈与两栖动物完全割离开来。

蜥螈因具有像图中林蜥等早期爬行动物一样的特征而曾被误认为是爬行类。

短尾

四肢向身体两侧外张。

桶状身躯里的内脏或许也很厚重。

西洛仙蜥

西洛仙蜥和厚头似爬行属生活在同一时期的同一地区，身体长而灵活，其四肢长在身体两侧，指（趾）间分开，没有成蹼，尾巴和现生蜥蜴的尾巴十分相似，由此可见西洛仙蜥已适应了陆地生活。以前也有古生物学家认为它属于最早的爬行动物，但后来证实西洛仙蜥与羊膜动物的关系比较远，所以它不应属于爬行类，而是爬行形类。

现生的黄色巨蜥与西洛仙蜥的外形有些相似。

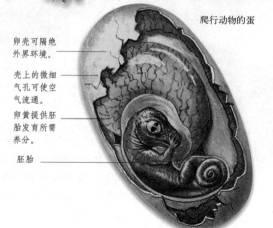

羊膜动物

羊膜动物出现在石炭纪晚期，是爬行形类动物的后裔。它是指其胚胎在羊膜的包围、保护下发育的动物，包括了爬行类、鸟类和哺乳类。爬行动物是地球上最早出现的羊膜动物。胚胎有了羊膜的保护，爬行动物就能够在远离水域的环境中生存繁衍。在进化过程中，大多哺乳类最终放弃了卵壳而把胚胎直接留在体内，直至其成熟时产出体外，这样可以更好地保护胚胎并抚育后代。

爬行动物的蛋

卵壳可隔绝外界环境。

壳上的微细气孔可使空气流通。

卵黄提供胚胎发育所需养分。

胚胎

早期龟鳖类

进化速度很慢的动物

龟鳖类是一种古老而特化的爬行动物，目前已确定的最早的龟鳖类是生活于三叠纪晚期的原颚龟。原颚龟除了头部尚不能缩回壳中外，与现代的龟类没有太大的区别，这也显示了龟鳖类是一些进化速度很慢的动物。发展到今天的龟鳖类大约有250个以上的不同种类。

原颚龟

X档案

姓名：古海龟
家族：爬行类
时代：白垩纪晚期
身长：4米
体重：不详
分布：北美洲的浅海区域

古海龟

古海龟是白垩纪时期的肉食性海龟，体长达4米。古海龟没有沉重的龟甲贝壳，在它的背部是骨头架子，很可能由厚实而坚硬的像皮革似的皮肤覆盖着。它的喙里没有牙齿，但古生物学家猜测它可能什么都吃，如鱼、水母、腐肉和植物等。古海龟巨大的鳍状肢用来在水底帮助游动，游动距离可以很远。尽管古海龟尺寸巨大，但它无法把头和鳍状肢缩入外壳内加以保护，因此对大型掠食者来说它还是一种易捕获的猎物。

古海龟是历史上出现过的最大的海龟。

南美的黄头侧颈龟

侧颈龟

侧颈龟包括了侧颈龟科和蛇颈龟科两种，主要分布在大洋洲、南美洲、非洲等地区。侧颈龟出现之前，龟鳖类的主要成员是原颚龟、古海龟等原始类群，一直到中生代晚期，侧颈龟和曲颈龟才从龟鳖目中分化出来。侧颈龟的一个重要特征就是，当头部向壳内缩进时脖子向两侧弯曲。它在白垩纪和第三纪初期时分布很广，但是到了后来基本上就只限于生活在南半球了。

曲颈龟

　　曲颈龟能通过颈部上下摆动把头颈直接向后完全缩回壳中，目前发现的侏罗纪时期的曲颈龟化石长约30厘米，整体保存得比较完整。现在的曲颈龟包括了大多数的龟鳖类，分布极为广泛，在陆地、淡水和海洋中都能看到。它主要包括海龟科、棱皮龟科、龟科、鳄龟科、平胸龟科、潮龟科、陆龟科、泥龟科、动胸龟科、鳖科、两爪鳖科这九种。其中棱皮龟科是现存最大的龟鳖类，生活于海洋中，它和古海龟一样不具备龟甲，背部为皮肤所覆盖。

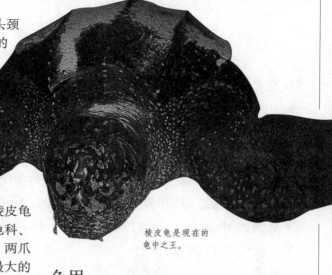

棱皮龟是现在的龟中之王。

非洲的加蓬箱侧颈龟的腹甲

龟甲

　　龟鳖类的发展主要是其特化结构即龟甲的发展——肋骨通过分化生长包裹了肢带和肢骨的上节用来支撑保护性的骨质背甲，同时腹面也长出了骨质的腹甲；背甲和腹甲均被角质的甲套所覆盖，并在两侧互相连接。龟鳖类以这样的方式进化成装甲车般的爬行动物，虽然牺牲了灵活性而常被人们当作行动迟缓和笨拙的动物代表，但是这种笨重的保护却经得起时间的考验，使得龟鳖类成为现生四足类脊椎动物当中最为古老而成功的家族之一。

龟的分类

　　龟鳖类中有两个亚目从中生代一直延续到现代，即颈部侧向折回壳内的侧颈龟亚目和颈部可以成S形缩回壳内的曲颈龟亚目。侧颈龟的颈部可以横向缩回，相对于曲颈龟来说要原始得多，它在史前比较繁盛，分布也一度很广泛，而现在基本局限于南半球，现存的主要是一些淡水龟类。而龟鳖类中进化最成功而且数目较多的则是曲颈龟类，它们现在仍遍布全球。

阿特拉斯陆龟是目前已知的最大陆龟。

沧龙

白垩纪时的海中霸王

沧龙是白垩纪晚期最大的海洋爬行动物之一。

沧龙是巨型海生爬行类，种类较多，在白垩纪时分布很广，并一度称霸大陆架的浅海地带。它与陆地上的巨蜥类有着最近的亲缘关系。它通过把鼻孔位置后退到头顶后方，四肢转化为鳍，尾部变长成为水中的推进器等，来适应海洋生活。其早期类型个体较小，只有部分习惯海中生活，而后期的种类个体趋于增大，已完全适应水中生活。

海龙王是沧龙类中最大的一种。

X档案	
姓名：	大洋龙
家族：	沧龙类
时代：	白垩纪晚期
身长：	4米
体重：	不详
分布：	世界各地

沧龙的外形

沧龙长相类似鳄鱼，但是四肢没有爪，只有适合于游泳的鳍。从外形上看，它更像今天的某些鱼类。沧龙的喙部又长又尖，并且长满利齿，整个身体较为细长，尾巴又长又扁，以大洋龙为例，大洋龙的尾巴极长，占身体总长的一半。沧龙的四肢呈鳍桨状，并且还有尾鳍。它在水中游泳时，靠尾巴左右摆动以推动身体前进，四肢则用来控制方向和保持平衡。

犁鼻器

古生物学家通过对沧龙颅骨的研究发现，沧龙的嗅觉系统中有一个被称为犁鼻器的特殊器官。沧龙通过犁鼻器将外部信息传到脑部的附属嗅球，这样就能感觉同类动物关于性别、年龄以及其他一些个性特征的信息。这也证明了，沧龙可能是靠嗅觉来捕猎和识别其他同类成员的。

沧龙依靠它灵敏的嗅觉发现猎物。

与蛇类的关系

　　沧龙的身体非常细长，而且四肢已基本退化，从而使其显得非常灵活，这些特征与现在的蛇类极为相似。所以有些古生物学家认为沧龙与蛇是近亲，它们都是由相同的祖先进化而来的，它们的祖先都是生活在水中的游泳型动物。不过也有的古生物学家认为，沧龙与蛇类之间没有任何关系，只不过是外形有几分相似而已。

沧龙的身体也像现在的蛇一样细长灵活。

这张地图标出了白垩纪时期的今北美洲地区。

沧龙的发现

　　第一块沧龙化石是1770年在荷兰的马斯特里齐村圣彼得山上的一个采石场内的白垩纪地层中发现的，是最早被古生物学界注意的大型爬行动物的骨骼化石。当时著名的解剖学家坎伯父子对它进行研究后，得出了不同的结论：老坎伯认为这是一块古鲸化石，而小坎伯则认为这块化石更像蜥蜴的骨骼化石，直到后来才被其他研究人员证实这是沧龙的化石。

沧龙的生活形态

　　沧龙绝大部分时间都在靠近海岸的水域慢慢游动，它喜欢捕捉菊石、海鸟以及海龟为食，当然有时它也会猎杀鲨鱼甚至蛇颈龙等大型猎物。由于沧龙的游动速度并不快，所以它常常是隐藏在海藻或者礁石区对猎物进行伏击，等猎物来到身边时，它便飞快上前大口咬住，被它咬住的动物几乎没有机会逃脱。不过，尽管沧龙是当时海中最强的动物之一，它仍会遭到其他生物的袭击，有一具沧龙的化石上就发现有鲨鱼撕咬过的痕迹。

一只滑近水面准备觅食的翼龙不幸成了沧龙的美食。

幻龙

—— 长着钉状尖牙的水中"怪物"

幻龙的头部让人一看便觉得恐怖。

幻龙主要分布于三叠纪的今欧洲、北非和亚洲的温暖浅海中，外形上有点像鳄鱼，都有扁长形的尾巴和四条短腿，它们还有一张长满了钉状尖牙的大嘴巴。幻龙化石的发现地点全部都属于海相岩层，由此可推测出这些动物生活在海中，不过也许它也会像现在的海豹一样，到陆地上来休息，繁殖。

X档案	
姓名：	胡氏贵州龙
家族：	幻龙类
时代：	三叠纪
身长：	25～50厘米
体重：	不详
分布：	中国贵州

幻龙的外形

幻龙的颈部比较长，可它长着尖牙的脑袋跟脖子相比而言就要细小很多。它身体的后半部分是流线型的，四肢不像后面将要介绍的蛇颈龙一样呈鳍状，而是具有脚趾和蹼。古生物学家根据这个特征推测出它会经常到陆地上进行交配和生产等活动。幻龙像大多数原始爬行动物一样拥有一条灵活的长尾巴，幻龙通过上下摆动它而向前游动。

幻龙

幻龙的膝关节和肘关节可以弯曲。

强而有力的四肢

幻龙的肩部及背部大而扁平。

幻龙的生活形态

幻龙的生活习性可能非常像今天的海豹：在海里捉鱼，在陆上休息。它是一种伏击捕食者，以鱼、头足动物和小的爬行动物为食。休息的时候它就拖动着身体上岸去享受阳光。幻龙的繁殖生产行为可能也发生在陆地上，雌幻龙必须到高于潮水所能到达的陆地上产卵，要不然，它们的卵就会被淹没在海水中，里面早熟的小生命就会死掉。而雄性幻龙则很可能到紧靠雌幻龙要去繁殖的海滩附近的浅水水湾里与雌幻龙交配。

幻龙必须到岸上的高处产卵。

中国的幻龙

幻龙化石在我国的贵州、湖北、四川、广西等地区都有发现，其中尤以在贵州兴义县发现的最为著名，因为那里的薄层状灰岩中的幻龙化石，数量之丰富，个体保存之完整，在世界上都是罕见的。胡氏贵州龙便是生活在这里的一种幻龙。这种幻龙的体形较小，一般体长25厘米左右，个体最大也不过50多厘米。它的头长约为颈长的2/5，头骨较小，呈三角形，上面有一个豆状的小颞颥孔。它的眼睛大而有神，鼻的前端有一对很小的鼻孔，嘴里长满了针尖般的牙齿。

这种塞内西龙与中国的幻龙生活在同一时代，不过它的产地是欧洲。

幻龙的邻居——楯齿龙

楯齿龙是与幻龙同时代的另一类海洋爬行动物，身体全长约2～3米。其身体比较笨重，颈短，头较宽阔，身体上部和头顶均披有保护甲。它的上颌及下颌后部生有宽大的磨石状的齿，而前部的牙齿变长并向前伸出。楯齿龙通常在浅海中缓慢游动，觅食海底的牡蛎等介壳类动物，它用其前部牙齿将这些动物咬住，再交由巨大的后部牙齿将它们压碎并吐出介壳碎片，然后吞下鲜肉。

这是一种比较小的幻龙，身长约60厘米。

无齿龙是楯齿龙中的一种。

幻龙的"喷嚏"

当幻龙爬到岸上来时，它总会时不时从鼻孔中喷出一股股水雾，就像打喷嚏一样。这是因为幻龙在陆地上进食时，所吃入的盐实际上要比在海中多，这种盐量是它的身体所承受不了的。所以它会通过体内的一个腺体吸收血液中过量的盐分，这样，盐就被去除掉了，然后它再将这些过量的盐喷射出去。

幻龙在岸上时必须通过打喷嚏把体内多余的盐喷射出去。

蛇颈龙

—— 颈部逐渐变长的水中爬行动物 ——

蛇颈龙是生活在水中的大型肉食性爬行动物。按照脖子的长短，蛇颈龙可分为短颈蛇颈龙和长颈蛇颈龙两种。短颈蛇颈龙具有大而长的头骨，而长颈蛇颈龙则具有小而短的头骨。短颈蛇颈龙是比较原始的类型，这一类以侏罗纪的平滑侧齿龙和白垩纪的长头龙为代表。而长颈蛇颈龙的进化方向不是躯体的增大，而是倾向于把颈部拉长，这一类以白垩纪晚期的薄片龙为代表。

X档案	
姓名：	平滑侧齿龙
家族：	蛇颈龙类
时代：	侏罗纪中晚期
身长：	21米
体重：	不详
分布：	美国，德国

长颈蛇颈龙的骨架

平滑侧齿龙

平滑侧齿龙属于短颈蛇颈龙，是生物史上最大的肉食性动物之一，生活在侏罗纪中晚期的今美国、德国等地。大的雄性平滑侧齿龙身体可能达到21米长，而个别的可能还长到了25米。它的牙齿是暴龙的两倍长，凭借着这些条件，平滑侧齿龙能较容易地猎食大型动物，成为史上最恐怖的水生动物之一。海洋中虽然一直都有身躯庞大的水生肉食动物存在，如侏罗纪时期长达25米的鱼龙、现在长达21米的抹香鲸，可它们仅仅以鱿鱼之类为食，远比平滑侧齿龙温和得多。

平滑侧齿龙

长头龙

长头龙是一种巨大的海洋爬行类，分布在白垩纪时期的今澳大利亚和南美洲地区。其体长一般为9米，不过在大洋洲发现的一种长头龙的头骨有3.5米长，体长可能达到了15米。长头龙的鳍肢比较宽厚，后鳍肢比前鳍肢要大，由厚重的肌肉组成，下划的力量极强。它的吻部又长又尖，嘴里长满大而尖利的牙齿，颌部强壮有力。长头龙还有一条短而尖的尾巴，据推测，这样的尾巴可能并不是用来游泳的。

长头龙

薄片龙

　　薄片龙是体形最大的长颈蛇颈龙，生活在白垩纪晚期，其化石主要分布在美国、俄罗斯和日本。它一般全长14米左右，颈长7米以上，颈部由74块颈部脊椎骨组成，而人只有7块。薄片龙的身体扁平，尾短，四肢呈鳍状，能灵活地在海水中游泳，也能爬到岸上活动，生活方式很像今天的海豹、海狮和海象等动物。它终日贴近水面缓缓游动，利用长长的脖子袭击未起疑心的鱼群。

薄片龙

骨头战争

　　奥塞内尔·查利斯·马什和爱德华·朱内科·科普是美国著名的两位古生物学家，由于马什指出了科普在复原薄片龙骨骼化石时所犯的一个错误，而引发了两人数十年的骨头之争。不过这种竞争却导致了近140种新的恐龙物种及其他古生物的发现。马什一生共发现了80多种恐龙，如剑龙、异特龙和三角龙等，科普一生共发现了50多种恐龙，如腔骨龙和圆顶龙等。

爱德华·朱内科·科普

蛇颈龙的游泳方式

　　一些古生物学家一直在研究蛇颈龙是怎样游泳的。他们认为：短颈蛇颈龙能长距离快速游泳，其桨状鳍肢能有力地推动躯体前进，而长颈蛇颈龙则游得比较慢，这是由长颈蛇颈龙的身体构造决定的，因为它的四肢活动并不灵活，不能有力地帮助划水向前游；长颈蛇颈龙不能潜水，所以只能在水面上漂浮，用长而弯曲的脖子在水面上捕食，而短颈蛇颈龙则能够潜入300米深的深海，去捕获一些大型鱼类。

两位古生物学家正在拼接蛇颈龙的骨架，希望能从中得知蛇颈龙的一些生活习性。

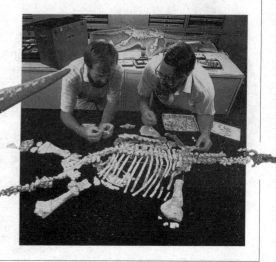

鱼龙

——— 从陆地返回海洋的爬行动物 ———

鱼龙是一种体形为流线型，像鱼或海豚的海生爬行动物。它没有真正的颈，从头部到躯体连成一线。四肢已经演化为鳍，躯体的后端有和**鱼**类差不多的尾鳍，背部有肉质的背鳍。早期的爬行动物大部分生活在陆地，**鱼龙**的水生生活方式也是由陆生演化而来的，因而它是一种次生的海生爬行动物。

鱼龙的体形极像现在的海豚。

X档案
姓名：大眼鱼龙
家族：鱼龙类
时代：侏罗纪晚期
身长：5米
体重：不详
分布：阿根廷，英国，德国

肖尼龙

肖尼龙是最大的一种鱼龙，极可能以鱼为主食。它具有三叠纪鱼龙的传统体形——光滑的适于水中生活的身子，有力的尾巴，颌部长而厚，嘴中长满尖牙。与其他鱼龙不同的是，它所有的像桨一样的鳍基本一样长，而大多数的鱼龙前面的鳍比后面的长。以前一直认为1928年在德国柏林的仙华达镇发现的15米长的肖尼龙是世界上最大的，但到了2004年，加拿大的古生物学家在英属哥伦比亚州发现了一具长达21米的肖尼龙化石，刷新了最大鱼龙的纪录。

肖尼龙

杯椎鱼龙

杯椎鱼龙是三叠纪海洋里的猛兽，它身长10米左右，属于早期的鱼龙，因为它的身体结构还很原始，如身体比较细长，尾巴也是直的，并不像后期鱼龙那样背部隆起且尾部形成了尾鳍。和它原始身份相符合的是，杯椎鱼龙并没有背鳍，尾部只有一个小小的突起。不过它倒是拥有一副典型的鱼龙牙齿，吻部也已经伸长了。由于杯椎鱼龙无法上岸，所以它应该是直接在海中生育幼崽的卵胎生动物。

杯椎鱼龙

大眼鱼龙

　　大眼鱼龙的眼睛在所有的脊椎动物中是最大的，它的眼睛远远大于恐龙甚至其他种类的鱼龙的眼睛。它的体长在4～5米之间，但有些破碎标本表明存在6米长的个体。以前古生物学家们一直为大眼鱼龙嘴中是否布满牙齿而争论不休，不过后来对大眼鱼龙成年个体的详细发掘研究显示，它的颌骨的齿槽中确实有一些小牙齿。大眼鱼龙的游泳速度非常快，它能借助速度的优势捕捉鱼和乌贼，并逃避捕食者的追赶。

大眼鱼龙不仅眼睛大，而且游泳速度极快。

鱼龙的繁殖

　　人们在有些鱼龙类标本中发现，其腹内有鱼龙幼体的骨头。于是不少古生物学家认为，鱼龙会同类相残，不过现在证实，这些幼体是在母体怀孕时或生产过程中死亡的。这些标本不仅证明了鱼龙产下的是成熟的幼体，而且还进一步证实像鲸类和海豚一样，小鱼龙也是尾巴先生出来的。古生物学家猜测，怀孕的雌性鱼龙会在气候暖和的时候，成群结队地游到有大片珊瑚礁和海藻丛的陆表海，以最快的速度将小鱼龙生产出来。

游泳方式

　　典型的鱼龙身体呈流线型，这一点与今天的海豚相似。鱼龙游泳的主要力量是由大尾巴提供的，大尾巴来回拍击，身躯进行有韵律的摆动，能使它在水里迅速前进。而它的四个鳍作为平衡之用，控制在水中上下方向的运动，帮助定向和制动。背鳍是一种防止左右滑动的平衡器。

鱼龙的身体造型能够使鱼龙在游泳时减少水的阻力。

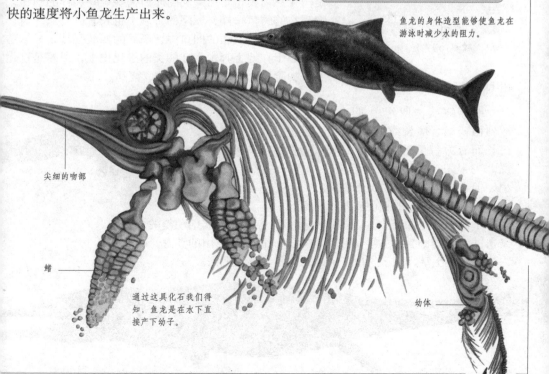

尖细的吻部

鳍

通过这具化石我们得知，鱼龙是在水下直接产下幼子。

幼体

早期鳄类

存活至今的古老爬行动物之一

鳄类是历史悠久的爬行类动物，最早的鳄类出现在三叠纪末期，仅比最早恐龙的出现时间稍晚一点。它与恐龙共同度过了恐龙的鼎盛时期和灭绝时期，而且它闯过了白垩纪末期爬行动物大灭绝的关卡，成为古老的爬行动物中的幸存者之一。它在长达2亿年的时间里一直是拥有长形身体的大型水栖动物，同时，它也是一个恐怖的掠食者。

现生鳄鱼

X档案

姓名:	地蜥鳄
家族:	鳄类
时代:	侏罗纪中期到白垩纪
身长:	3米
体重:	不详
分布:	欧洲，南美洲

原鳄

原鳄生活在三叠纪末期，是最早的陆栖型鳄类动物，也是后期鳄类的祖先，其化石主要分布在美国亚利桑那州一带。它的个子较小，体长约1米或更短。原鳄是肉食性动物，它用尖利的牙齿捕捉蜥蜴那样的动物。像现在的鳄鱼一样，原鳄的下颌中也长着一对长牙齿，而且正好嵌在上颌的凹口中。原鳄的四肢强壮，显示它很适应于在地上奔跑。在鳄类的进化史上，原鳄是进化的最初阶段，其后依次是中鳄、真鳄。

地蜥鳄

地蜥鳄从侏罗纪中期一直生活到白垩纪，体长约为3米，尾巴长而有力。虽然从体形上来说，它比一些现代鳄鱼都要小，但它却更为凶猛。地蜥鳄的身体上没有鳄类常见的粗硬皮肤，从而减少了游泳时水的阻力，不过这也使它更容易受到其他动物的袭击。地蜥鳄的食物主要为水中的菊石、鱼类和空中的翼龙。它习惯水中生活，除了上岸产卵外几乎不到陆地上来。

原鳄是一种小型而原始的鳄鱼。

地蜥鳄几乎终生在海中度过。

恐鳄

　　恐鳄是一种生活在白垩纪后期的巨型陆栖鳄类。它的身长约9米，重约5～6吨，体重相当于今天最大的鳄鱼的3倍。这种鳄鱼仅头骨就长达2米，因此这种动物能够轻而易举地吃掉一头中等大小的恐龙。美国古生物学家发现，恐鳄的寿命大约是50年，在最初的5～10年中，它的生长速度与别的物种相似，但是此后当别的物种停止生长后，它还会继续生长。所以它能够长得与同时代的某些恐龙一样大。

恐鳄的生活习性可能与现代鳄鱼差不多。

山西鳄的骨架

帝鳄

　　帝鳄是地球上曾出现过的体形最大的鳄鱼之一，其化石最早发现于1964年。古生物学家认为，帝鳄可能长达12米，重达10～11吨，寿命大约为50～60年，生活在1.1亿年以前的白垩纪早期。帝鳄有一个细长的脑袋，大约1.8米长，并且有一个镶嵌了上百颗牙齿的下颌。它的颌部前方细长坚固，而且有力道强大的门牙，极具杀伤力。它的主要食物是一些到水边喝水的小型哺乳类和中型恐龙。

山西鳄

　　山西鳄与三叠纪时期生活在今南非、东欧地区的引鳄很相似，它与引鳄尽管都称为鳄，但还不属于真正的鳄类。山西鳄生活在三叠纪中期，其化石主要分布在我国山西省武乡、榆社、宁琥和静乐等地。它的体长约3米，有一个巨大、窄而高的头。这种动物可能居住在溪流和河湖边缘地带，行动迟缓而且不太凶悍，以捕食鱼、虾和其他小动物为食。

帝鳄正在向一只恐龙发起攻击。

喙嘴龙类

—— 早期的翼龙类群 ——

在鸟或蝙蝠等出现之前，最早会飞的脊椎动物是爬行动物，我们称之为翼龙。翼龙有两大类，早期的喙嘴龙类比较原始，它们主要生活在侏罗纪时期，是当时天空中常见的动物，头骨较重、嘴中长满长而尖利的牙齿等是其共同特征。喙嘴龙、双型齿翼龙、无尾颚翼龙是其中的典型代表。而后来逐渐进化出来的翼龙则被归属为翼手龙类。

<table>
<tr><td colspan="2" align="center">X档案</td></tr>
<tr><td>姓名：</td><td>喙嘴龙</td></tr>
<tr><td>家族：</td><td>翼龙类</td></tr>
<tr><td>时代：</td><td>侏罗纪时期</td></tr>
<tr><td>翼展：</td><td>1.2～2.5米</td></tr>
<tr><td>体重：</td><td>不详</td></tr>
<tr><td>分布：</td><td>德国，英国，坦桑尼亚，印度，哈萨克斯坦，古巴，中国</td></tr>
</table>

在空中自由翱翔的喙嘴龙。

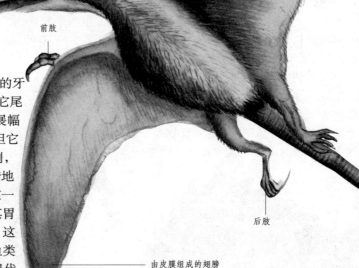

平直的下颌

前倾的牙齿

前肢

后肢

由皮膜组成的翅膀

喙嘴龙

喙嘴龙生活在侏罗纪时期。它的头骨较重，有数枚大而尖利、向前倾斜的牙齿，就位于上下颌的前端。它尾巴很长，而且它的翅膀的展幅也是有尾翼龙中最长的，但它的后肢却与身体极不成比例，显得非常短，这表明它在陆地上并不灵活。古生物学家在一些喙嘴龙的化石中发现了其胃中未被消化的鱼的残留物，这证明喙嘴龙以掠食水中的鱼类为生。目前，在德国南部巴伐利亚州索伦霍芬石灰岩中发现的喙嘴龙保存得极为完好。

双型齿翼龙

双型齿翼龙生存于侏罗纪早期，是已知最早的翼龙之一。它的化石最先是由英国收藏家玛丽·安妮发现的。双型齿翼龙具有庞大笨重的喙部，它的头差不多和身体的躯干部分一样大，不过由于头骨被许多薄骨片分隔，形成了很大的空腔，所以比较轻。双型齿翼龙还有一条长长的骨质尾巴，这条尾巴大约是它身体全长的一半。像许多其他的翼龙一样，它的尾巴末端有一个小小的菱形片，可能起舵的作用，帮助它在空中改变方向。

玛丽·安妮——双型齿翼龙化石的发现者。

双型齿翼龙

无尾颚翼龙

无尾颚翼龙是一类短尾、飞行灵巧的小型翼龙，出现于侏罗纪晚期。最早的无尾颚翼龙标本是在20世纪20年代的德国发现的。这个标本显示，它的身体很不同寻常，不像其他翼龙一样有一条长尾，它的尾巴不超过一个烟头大小，头短而钝，牙齿很细小，可是后肢却进化得很好。所以古生物学家猜测，这种翼龙可能利用其飞行技巧捕捉昆虫而不是鱼，但也有人认为这只是某种翼龙的幼体，当长大后，它的身形可能会发生比较大的变化。

喙嘴龙类的颅骨

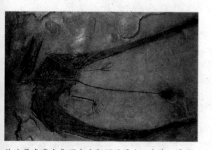

从这具喙嘴龙化石中我们可以看出，它有一个比较大的颅骨。

喙嘴龙类是最先具有飞行能力的爬行动物，并且在空中它们能飞行自如，这主要有赖于它们良好的视觉和优异的平衡感。喙嘴龙类的颅骨都比较大，而且颅骨上有巨大的眼窝，这证明了它们的眼睛都很大，并且可能视力极佳。此外，通过对已发现的喙嘴龙类的颅骨进行研究分析后得知，它们用来控制视觉和运动的脑部已发育得十分良好，脑中各个部位的生长位置也与现在的鸟类基本相同。

细长的骨质尾巴，尾巴末端有菱形片。

世界第一枚翼龙胚胎化石

2004年，我国古生物学家在辽宁省锦州市的热河生物群中发现了世界上第一枚翼龙胚胎化石。这枚胚胎化石的最大长度是53毫米，最大宽41毫米。胚胎化石的脊柱大致沿着蛋的长轴方向伸展，头部从一侧向后弯曲，与脊柱组成倒"U"形，这种保存状态可能反映了翼龙胚胎发育过程中的原始状态。这一发现对于深入了解翼龙的发育演化具有重要意义。

翼手龙类

——白垩纪时期的天空"主宰者"——

翼手龙类起源于侏罗纪晚期，在白垩纪最为繁盛。它们的头骨比较轻，尾巴基本已经退化或消失掉。这个时候的翼手龙类飞行能力明显比喙嘴龙类增强了许多，但它们的行走能力却很弱。

产自德国南部的翼手龙化石

翼手龙

翼手龙是翼手龙类中的一个典型代表。它生活在侏罗纪晚期，是一种小型翼龙，翼展约1米，重约5千克。它一般在开阔的水域边生活，以鱼、虾为食。它的喙部很长，并且长有牙齿，这便是它捕捉鱼类的有力工具。最近的研究发现还表明，翼手龙会像现代的鸟类一样在树顶上或悬崖上筑巢，并且在幼体出生之后，它会照顾小翼手龙一段时间，直到小翼手龙能独立生活。

无齿翼龙

无齿翼龙是翼手龙类的一种。翼展7～9米，头部巨大，喙部很长，喉颈部有皮囊，嘴里完全无牙齿，可能像现在的鹈鹕一样用大嘴吞食鱼类。也许是为了取得头部的平衡，它头顶上长有一个大大的向后伸出的骨冠。无齿翼龙几乎没有尾巴，其身体上可能覆有皮毛，但不会有羽毛。它不能长时间振翅飞行，必须要借助高空气流滑行飞翔。休息时，它可能像蝙蝠那样用后肢倒挂在树枝上，也能收拢翅肢用四肢在地面上作短距离爬行。

X档案	
姓名：	无齿翼龙
家族：	翼龙类
时代：	白垩纪晚期
翼展：	7～9米
体重：	20千克
分布：	美国堪萨斯州，英国

在地面上时，翼手龙通常是四肢着地行走。

准噶尔翼龙

准噶尔翼龙的上颌骨

准噶尔翼龙生活在白垩纪早期，它的化石仅在我国的新疆和浙江发现过。准噶尔翼龙的两翼张开达2米多，它的头很大，头骨狭长，鼻部及眼部上方有一个冠状脊，喙部长而尖，像现在的食鱼鸟类；嘴里长着锥形的牙齿，但都集中在颊部，前端无齿；其尾巴短小。总的说来，它是一种处于进化中间型的翼龙。当时准噶尔盆地还是一个巨大的淡水湖，附近植物茂盛，生活着众多淡水动物，准噶尔翼龙就在水域上空盘旋，寻找喜欢吃的鱼虾。

风神翼龙

翼展最长可达15米。

风神翼龙生活在白垩纪晚期，最早的化石发现于美国得克萨斯州与墨西哥交界处。它是历来最大的飞行动物之一，可以说是翼龙之王。风神翼龙的未成年个体的头骨长1米，翼展达5.5米，而成年个体的头骨化石尚未发现，根据其翅骨碎片来看，翼展至少有11～15米。它没有羽毛，翅膀是一片皮膜，起飞时拍打由皮肤组成的翅膀，就可以像滑翔机一样展开双翅借助气流翱翔在天空中，而且它的骨骼是中空的，并且很薄，这也有利于飞行。不过它在陆地上的行动却异常笨拙而迟缓。

头冠

尾巴短小。

后肢

风神翼龙

牙齿最多的南翼龙

南翼龙的颌骨十分狭长且向上弯曲，而它的上下颌上长着上千颗牙齿。这么多牙齿使它的喙看起来就像一个过滤器一样。当南翼龙掠过海面，嘴巴伸入水中捕食时，它能把海水过滤出去，而把其中的浮游生物和小型海洋动物留在嘴中。

无齿翼龙的喙和头冠加在一起近两米长。

南翼龙用它布满牙齿的喙捕食。

早期鸟类

飞翔在空中的恐龙后裔

始祖鸟是我们已知的最早的鸟类。

大多数古生物学家相信鸟类是由兽脚类肉食性恐龙进化生成的，而现在所能了解的最早的鸟是始祖鸟。尽管已经发现了许多化石，但是有关鸟类的进化过程仍有许多疑问无法解答。不过在这个进化过程中，羽毛的进化是关键的一步，它使得奔跑的、爬行的动物变成了飞行的动物。到了白垩纪晚期，鸟类已成功地生活在世界各地了。

圣贤孔子鸟复原图

X档案

姓名：	始祖鸟
家族：	鸟类
时代：	侏罗纪晚期
身长：	60厘米
体重：	1千克
分布：	德国巴伐利亚州

始祖鸟

始祖鸟是世界公认的鸟类始祖，栖息在侏罗纪晚期的热带沙漠岛屿地区。它的大小如乌鸦，还保留了爬行类的许多特征，如喙部结构不是像现代鸟类那样的角质喙，而是长满了牙齿；有一条由21节尾椎组成的长尾巴；前肢三块掌骨彼此分离；没有愈合成腕掌骨；指端有爪；骨骼内部还没有气窝。但另一方面，它已具有羽毛，而且有了初级飞羽、次级飞羽、尾羽以及复羽的分化，这些又是鸟类的基本特征。

始祖鸟是产自德国的早期鸟类。

孔子鸟

孔子鸟生活在白垩纪早期，其化石主要分布在我国东北地区，包括圣贤孔子鸟和杜氏孔子鸟两种。孔子鸟出现的时间比始祖鸟稍晚。其特点是颌骨上无牙齿，取而代之的是角质喙；肱骨近端有一大的气囊孔，第一指骨爪特别强大而尖利，第二指骨爪收缩；胸骨较大，呈片状并有一个短的后侧突；尾椎骨缩短等，这些都是始祖鸟所没有的进步性状，同时也是区别于后期进化鸟类的重要特征。

恐鸟

　　恐鸟出现在第三纪，在时间上比以上介绍的三种鸟都要晚，属于新鸟类。它是世界上体积最大的鸟类之一，但是不能飞行，栖息于新西兰地区。恐鸟的平均身高有3米，比现在的鸵鸟还要高。它除了腹部是黄色羽毛之外，其他地方的羽毛全部是黄黑相间。虽然恐鸟的上肢和鸵鸟一样已经退化，但它的身躯肥大，下肢粗短，因此奔跑能力远不及鸵鸟。恐鸟的性情温和，喜爱群居，以植物的根、果实为食。这种鸟在1850年灭绝。

恐鸟正是因为人们的猎杀才走向灭亡的。

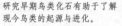

研究早期鸟类化石有助于了解现今鸟类的起源与进化。

中国的早期鸟类化石

　　由于鸟类善于飞翔，骨骼轻，所以能保存下来的鸟类化石并不多。而在中国发现的早期鸟类化石不仅在种类上居世界前列，而且在数量上超过了世界上其他地区发现的总和，成为世界之最。我国的早期鸟类化石主要分布在辽宁的西部地区，古生物学家分析，这是因为当时中国北方尤其是辽西地区气候温暖湿润，很适宜鸟类生存。

黄昏鸟

　　黄昏鸟于白垩纪后期广泛分布于今美国的堪萨斯州地区。它是一种海栖肉食长颈海鸟，其喙部很长，里面长有许多小而尖利的牙齿，捕食鱼类、菊石和箭石。它体形较大，身体长达1.5米，不过它的翅膀很小，仅在潜水时起驾驶作用。因为后肢几乎无法承受起身体的重量，所以它的后肢生来就是用来游水的，而不是用在地上走路的。除了在岸边孵卵以外，它的大部分时间都在水上度过。

黄昏鸟无法适应岸上生活。

盘龙类

早期的单孔类群

盘龙类就是早期的单孔类群动物，它们四肢外张，并且匍匐前行。所谓单孔类群，是指包括似哺乳类的爬行动物和由其进化而来的哺乳动物的一个动物类群，这些动物因其头骨的每一侧都只有一个开孔而得名。盘龙类最早出现在石炭纪时期，一直到二叠纪快结束时才完全灭绝。

蛇齿龙是盘龙类早期代表。

X档案	
姓名：	异齿兽
家族：	盘龙类
时代：	二叠纪早期
身长：	3.5米
体重：	不详
分布：	美国得克萨斯州、俄克拉荷马州，欧洲

异齿兽

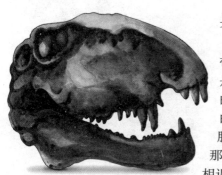

异齿兽的颅骨

基龙的背上也有长长的帆。

异齿兽生活在二叠纪早期的今北美洲、欧洲一带。它最引人注目的特点就是长有巨大的背帆，这是它脊椎骨上的脊椎壳针极度延展形成的。异齿兽的头颅很高，长有剑形齿，而下颌铰合处则位于齿的后部下方。与其他具有背帆的动物相比，它的四肢结构相对轻巧，因而行动速度也比较快。它常以那些不很灵活的动物为猎物，它还能猎取和自己体形相近的动物，是最早具有这种本领的陆栖动物之一。

基龙

基龙生活在二叠纪时期，而在恐龙出现之前它就已经灭绝了。基龙的四肢结构使它只能匍匐前行，这与现在的蜥蜴和鳄类极为相似。它的头部短而宽，与它3米长的身体相比显得很小。基龙和异齿兽生存在同一个时代，并且还生活在同一个地区，两者不论身材、体形、长相都十分类似，不同之处就是基龙属于草食性动物，它的桶状身材正好容纳能消化大量植物的肠胃，而且它的天敌正好就是与它极像的异齿兽。

麝足兽

麝足兽

　　麝足兽生活在二叠纪时期的今南非干旱地区，是当时当地最大的草食性动物，身长可达4米。它的头骨非常厚，有的古生物学家认为其作用可能与肿头龙的头部一样，是用来相互碰撞的，不过有些古生物学家则认为这可能是由某种病变引起的。麝足兽的身躯呈筒状，里面也有大型的肠胃。与大多数早期的爬行动物相比，麝足兽的尾巴要短很多。

岩龙是最早的双孔类爬行动物之一。

第一批爬行动物的进化

　　第一批爬行动物出现在大约3亿年前古生代的石炭纪。石炭纪的这第一批爬行动物已经表现出了三个不同的进化方向：一类是无孔类，包括原始的杯龙类、中龙类和后来的龟鳖类；另一类是双孔类，双孔类是爬行动物的主干，包括恐龙、翼龙和除龟鳖类外所有的现代爬行动物等；还有一类就是单孔类，盘龙就是早期的单孔类，代表着向哺乳动物进化的方向。

克色氏龙

克色氏龙

　　克色氏龙是二叠纪最后出现的一批盘龙成员，它的体形比早期的盘龙类要小。它的身躯肥胖，四肢往外伸开，趴在地上全身着地，只能匍匐前行，与现在的鬣蜥有几分相似。克色氏龙的头很小，尾巴细长。它属于草食性动物，不过与现生许多草食性动物的不同之处在于，它只有上颌长有钉状的牙齿，牙裂也与现在的草食性动物正好颠倒过来了，这一特征可能并未带来任何不便，反而对它的生活是有益的。它在二叠纪时期数量众多，一直到二叠纪末期才因物种大灭绝而消失。

鬣蜥与克色氏龙长得有些相似。

二齿兽类

—— 长着两颗长牙的动物类群 ——

二齿兽类出现于二叠纪晚期，三叠纪时几乎遍及全球。其中的许多种类上颌长有两颗大长牙，不过它们却是性情温和的草食性动物。它们的身体短宽，四肢粗壮；肩部巨大而强壮；尾巴很短；其头骨颞孔扩大，头骨结构空阔，头骨的前面及下颌呈喙状。二齿兽类的典型代表是水龙兽、中国肯氏兽、扁肯氏兽等。

X档案	
姓名：	中国肯氏兽
家族：	二齿兽类
时代：	三叠纪中期
身长：	3米
体重：	不详
分布：	中国山西省榆社县等地

二齿兽类都是草食性动物。

二齿兽类的牙齿

二齿兽的学名"Dicynodont"意为"拥有两颗犬齿的动物"，这一类动物的上颌一般都有两颗巨大的长牙。不过早期的二齿兽类的颌部不是两颗长牙，而是成列的小牙齿，到了后期，新进化出来的二齿兽，如水龙兽、中国肯氏兽等，它们就仅剩两颗长牙，而其他的那些小型牙齿就都没有了，而且越到后来，长牙就越大。但是，并不是所有的二齿兽都有牙齿，像无齿兽等二齿兽类群就完全没有牙齿。

水龙兽的颅骨

水龙兽

水龙兽是一种体长1米左右的似哺乳类的爬行动物，生活在三叠纪早期，其化石发现于南极洲、南非、印度和中国。它的鼻子位于脸部的较高处，这说明了水龙兽是一种半水生的动物。水龙兽的上颌仅有两个犬牙似的凸出物，下颌厚实却无齿，它可能以植物为食，厚实的颌是它咬断植物茎叶的工具。水龙兽还拥有短而灵活的颈部、粗重的四肢、短小的尾巴。此外，水龙兽在世界各地分布广泛，这也被科学家当作大陆漂移理论的证据之一。

中国肯氏兽

中国肯氏兽是三叠纪中期大型的二齿兽类群。它的头骨较大，前部结构十分沉重，而后部则较为轻巧，它的上颌骨钝而宽厚，在上颌骨的突起处有向下生长的两颗长牙，枕部宽而低，下颌齿骨缝合部分则宽而长。中国肯氏兽的面部肌肉并不发达，可能无法像其他二齿兽类群那样切割植物，而只能通过上颌骨大口咬下植物的枝叶再吞咽下去。中国肯氏兽的行动迟缓，适宜生活在温暖的气候环境中。

中国肯氏兽长得非常矮壮。

扁肯氏兽

扁肯氏兽生活在三叠纪晚期，它也是最后出现的二齿兽类之一，其大部分化石发现于美国亚利桑那州石化森林的东南部。扁肯氏兽身长约为3米，体重约1吨左右。它喜欢群居生活，居住在旷野中，以嚼食矮小的蕨类植物为食。扁肯氏兽最主要的特征是两个长长的獠牙和强壮的喙状嘴，这能帮助它食用坚硬的植物。它的獠牙上有不同程度的磨损，这也证明了这些牙齿是用来掘地的，当时很多蕨类植物都很坚硬，而且根部也储存了水分，扁肯氏兽的獠牙便是它挖取蕨类、获得食物的有利工具，而植物根部的水分恰恰也是它身体所需水分的重要来源。

扁肯氏兽

二齿兽的穴居生活

有一些二齿兽可能利用它们强壮的吻部在地下做窝。其中于二叠纪晚期广泛分布在今南非地区的小头兽有一个楔形的吻部，其结构与现代的掘地动物十分相似，非常适于挖掘。在南非，古生物学家们还发现了迪克二齿兽螺旋形地洞，里面有二齿兽的骨骼和蛋，而且洞壁上的刮痕也揭示这种动物会用吻部或是爪子挖掘。

二齿兽与现代的一些动物一样习惯穴居生活。

犬齿兽类

哺乳动物的直系祖先

犬齿兽类是小型到中等体形的肉食性单孔类群动物，极少数的体长可超过90厘米。它们与哺乳动物有许多相同点，如都能在咀嚼食物时进行呼吸；它们都有几种不同类型的牙齿；此外，犬齿兽类和哺乳动物一样有胡须，可能还有体毛；它们的四肢位于身体之下，能快速奔跑。所以古生物学家认为犬齿兽类是哺乳动物的直系祖先。

犬齿兽类是哺乳动物的直系祖先。

犬齿兽的颌骨能产生粉碎性的咬力。

犬颌兽

犬颌兽发现于南非的三叠纪地层中。它是犬齿兽中的一种，其体长约为1米，和一只成年狗差不多大小。虽然个子不大，不过它却是三叠纪早期最危险的肉食性动物，因为它的牙齿已经有了门齿、犬齿和臼齿的分化，而且犬齿还非常锐利。犬颌兽的四肢位于身体腹侧，膝关节向前，肘关节向后，已能像兽类那样行走，而不需要贴地爬行了。从上述特点来看，犬颌兽在许多方面已接近哺乳动物。

三叉棕榈龙

三叉棕榈龙是一种似哺乳类爬行动物的小型犬齿兽，在三叠纪早期分布于今南非和南极洲一带。从它的骨骼化石可以得知，它身上虽然具有爬行类的多项特征，但是也具备了一些典型的哺乳动物的特征，如它的牙齿有了门齿、犬齿和臼齿的分别，另外，它口鼻部骨骼上的小穴显示，这种动物可能覆盖有体毛，这也是和哺乳动物的相似之处。三叉棕榈龙习惯穴居生活，并以小型动物为食。

X档案

姓名：	三叉棕榈龙
家族：	犬齿兽类
时代：	三叠纪早期
身长：	50厘米
体重：	不详
分布：	南非，南极洲

三叉棕榈龙

鼬龙

鼬龙生活在三叠纪的中晚期，是小型的肉食性动物，也是最进步的犬齿兽类，它正好处在爬行类和哺乳类的分界线上。不过由于在它出现的时候已经出现了真正的哺乳动物，所以它不太可能是哺乳动物的祖先，哺乳动物的祖先应该是更早期的一些犬齿兽类。鼬龙一直生存到了侏罗纪中期，不过它的个头始终很小，而且数量也不多，已经完全被恐龙等其他爬行动物压制住了。

现在兔子的祖先应该是比鼬龙还要早的动物。

犬齿兽类的一夫一妻制在现生的丹顶鹤身上也有体现。

犬齿兽类的家庭关系

犬齿兽类实行的是一夫一妻制，而且这种配偶关系相当牢固，雌兽和雄兽一旦结合，将一生相伴。和所有陆生爬行动物一样，犬齿兽类也产卵，孵化出来的小犬齿兽完全依赖于它的父母，并靠父母的抚养度过最初的三个月。这种繁殖方式可以保护幼子免于被其他肉食动物所捕食。雄性犬齿兽在这段期间里，白天会守在洞口确保安全，并且做一些家务，只有夜晚才出去捕食。

卞氏兽

卞氏兽生存于三叠纪晚期至侏罗纪早期，产自四川沙溪庙侏罗纪地层里的拟卞氏兽是它的晚期代表。它的头骨结构还显得比较原始，但其头后骨骼则相当进步，虽然牙齿已分化为门齿和颊齿，但无前白齿和白齿之分。它的上颊齿具三行齿尖，下颊齿仅两行，咬合时下颌没有像哺乳类那样的横向动作，而是做前后向的活动。不过，卞氏兽的肢骨与哺乳动物极为相似，这也暗示哺乳动物可能与这种犬齿兽类有着极为密切的关系。

卞氏兽模型

最早的哺乳动物

哺乳动物的原始物种

哺乳动物最早出现在三叠纪末到侏罗纪初。中生代的哺乳动物虽然分化成了很多不同的类群，但所有这些哺乳动物都是些体形非常小的动物，直到中生代结束时也没有一种体形超过兔子的哺乳类出现。而其中的多瘤齿兽则是最成功的早期哺乳动物，它的前后生存时间达到了1.3亿年之久。

最早的哺乳动物属于小型动物。

X档案

姓名：	摩根锥齿兽
家族：	哺乳类
时代：	三叠纪晚期
身长：	10厘米
体重：	不详
分布：	西欧，东亚

摩根锥齿兽是最早的哺乳动物之一。

摩根锥齿兽

摩根锥齿兽是最原始的哺乳动物的代表，生活在三叠纪晚期，其化石首先发现于英国威尔斯地区的石灰岩裂隙中。古生物学家根据化石推测：它的体表覆有毛发，四肢上长有利爪，这些利爪可能是用来捕捉猎物和挖掘洞穴的。摩根锥齿兽的身体骨骼结构与现生的哺乳动物已十分相似，但它的颌骨内侧有一条沟，其中保留着关节骨的残余，类似于爬行类的颌铰合，由此可以看到爬行类向哺乳动物过渡的性质。

热河兽

热河兽生活在白垩纪早期，第一具相对完整的热河兽骨架化石是1999年在辽宁发现的，它被认为是最接近现生哺乳动物共同祖先的类型。由于早期的哺乳动物体形都很小，不易保存为化石，而热河兽的发现则为研究哺乳动物的起源提供了信息。通过研究热河兽的化石得知，这种动物身上有些部位具有哺乳动物的特征，有些部位则还保留着爬行动物的特征，这也暗示着在哺乳动物的进化过程中，身体的各个部位是分别进化的。

热河兽

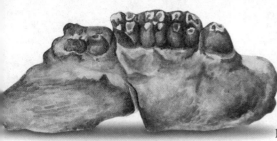

多瘤齿兽的下颌骨

多瘤齿兽

　　多瘤齿兽是一类存在时间很长、种类众多的哺乳动物，其中小的犹如鼠类，大的则如河狸，其名字来源于它白齿上的"瘤尖"。它最早出现在侏罗纪晚期，至少延续到了早渐新世，存在了1.3亿年之久，这在哺乳动物中是绝无仅有的纪录。从骨骼上看，多瘤齿兽显然具有哺乳动物的形态：比如它的中耳具有三块听骨的结构，身体上披有毛发，骨盆形态显示它和有袋类动物那样，直接生产幼兽等。

鸭嘴兽

鸭嘴兽

　　鸭嘴兽是一种古老而珍稀的哺乳动物，最早的鸭嘴兽生活在白垩纪中期，身长约为35厘米，个头和现在的一只猫差不多，不过，它却是中生代体形最大的哺乳动物之一。它的生活形态和现在的鸭嘴兽相差不大，也是生活在淡水溪流区域，以软体虫和小鱼虾为食。鸭嘴兽体表有短而密的褐色毛，嘴扁宽，足上有蹼。鸭嘴兽还具有一些爬行类动物的特点，如它的幼体是卵生的，而不是像现在的哺乳动物一样胎生。不过当鸭嘴兽的幼体出生之后，就依靠雌性鸭嘴兽肚子上的一个小袋里分泌的乳汁长大，这一点也证明了鸭嘴兽属于哺乳动物，只不过比较原始而已。

有袋类哺乳动物

　　现生的哺乳动物分为卵生哺乳动物、有袋类哺乳动物和有胎盘类哺乳动物三类。许多最早的哺乳动物的皮肤上都有育儿袋，在中生代和第三纪早期的时候，这种有袋类哺乳动物可能遍及世界的大部分地区。不过随着哺乳动物的不断进化，很多哺乳动物身体上的育儿袋消失了，而在体内发展出了子宫。现在仅在大洋洲及南美洲的草原地带还分布着有袋类动物。

袋鼠是有袋类哺乳动物的典型代表。

原始真兽类

早期的有胎盘类动物

真兽类即有胎盘类，其最重要的特征是有真正的胎盘，幼兽出生时便发育得比较完好。最早的真兽类在白垩纪晚期出现，到了新生代时，它们迅速进化，变得种类繁多，占了当时整个哺乳动物总数的95%，几乎遍及全世界的陆地、海洋和天空，尤其是在陆地上，它们是最占优势的物种。

X档案	
姓名:	始祖兽
家族:	哺乳类
时代:	白垩纪早期
身长:	14厘米
体重:	200～250克
分布:	中国辽宁省

从这具化石中我们可以看出，始祖兽的体形很小。

始祖兽

始祖兽于2002年在我国辽宁省发现，它被确认为是最早的有胎盘的哺乳动物。始祖兽生活在白垩纪早期，身体长约14厘米，估计体重在200克至250克之间，和现在一只大的家鼠差不多。它的肩部、肢骨和四肢掌部伸长的足趾与现代许多善于攀援或树栖的哺乳动物非常相似，这也暗示着，始祖兽是一种善于在崎岖地面攀爬和灌木树丛中活动的小型哺乳动物。它生活在河湖岸边的矮小树丛中，昆虫是它的主要食物。

冠齿兽的脑部是哺乳动物中最小的。

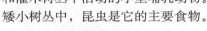

犬齿

笨重的冠齿兽

重褶齿猬

重褶齿猬生活在白垩纪晚期，是最著名的原始有胎盘动物之一，它的化石主要是在今蒙古地区发现的。重褶齿猬的体形较小，体长仅20厘米，头骨较低，口鼻部较长，口中前部长有长门齿，门齿与颌部后侧的白齿之间有缝隙。它的四肢都比较细长，而且前肢比后肢要长。它的臀部附近可能还像有袋类哺乳动物一样长有用来支撑育儿袋的骨头，其他早期的有胎盘动物也具有这一特征。

重褶齿猬习惯在夜间捕食昆虫。

裂齿兽

　　裂齿兽的化石只发现于亚洲、北美洲和欧洲大陆的古新世与始新世地层中。裂齿兽的四肢掌部有爪，嘴巴前部有大型牙齿向外突出，这些牙齿可能是用来啃咬植物的根部和茎部的。人类对裂齿兽的研究已有100多年，但这类动物的起源和演化仍有许多问题还未解决。不过，1978年在我国发现的豫裂兽，为探讨这一类动物早期分化和某些后期种类起源提供了重要的信息。

裂齿兽的颅骨

冠齿兽的下颌骨

冠齿兽

　　冠齿兽是在古新世晚期出现的原始真兽类动物，广泛分布于北半球。它身体约长2.3米，肩高约1米，重达300～500千克，在原始的哺乳动物里是一类笨重的动物。冠齿兽有强壮短粗的四肢和宽阔的脚，尾巴不发达。其四肢"大腿"长、"小腿"短的构造能有力地支撑身体，但并不适合快速奔跑。它的犬齿很大，比较像河马的长牙，而且它的生活形态也与河马很相似，都生活在温暖的沼泽或河滨地带，以水生植物、岸边嫩叶为食。

体表覆有毛发。

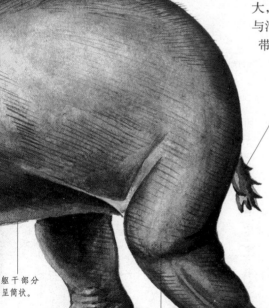

细小的尾巴

躯干部分呈筒状。

"小腿"短　　"大腿"长

灵长类的出现

　　随着有胎盘类哺乳动物的迅速进化，到了第三纪时期，灵长类开始出现。这个类群包括了猿、猴等原始类型及类人猿和人类等进化类型。其中的人类由南猿开始，经过一个由低级向高级发展的漫长的演化过程，终于形成了我们如今的模样。而其他早期灵长类动物在这个期间也不断地分化，构成了今天这样一个种类各异、多姿多彩的灵长类世界。

类人猿——北京猿人头像

图书在版编目（CIP）数据

恐龙百科全书 / 龚勋主编. —汕头：汕头大学出版社，2012.1（2021.6重印）

ISBN 978-7-5658-0566-0

Ⅰ．①恐… Ⅱ．①龚… Ⅲ．①恐龙－青年读物②恐龙－少年读物 Ⅳ．①Q915.864-49

中国版本图书馆CIP数据核字（2012）第008760号

恐龙百科全书

KONGLONG BAIKE QUANSHU

总 策 划	邢 涛	印 刷	唐山楠萍印务有限公司	
主 编	龚 勋	开 本	705mm×960mm　1/16	
责任编辑	胡开祥	印 张	10	
责任技编	黄东生	字 数	150千字	
出版发行	汕头大学出版社	版 次	2012年1月第1版	
	广东省汕头市大学路243号	印 次	2021年6月第8次印刷	
	汕头大学校园内	定 价	34.00元	
邮政编码	515063	书 号	ISBN 978-7-5658-0566-0	
电 话	0754-82904613			